Bastian Fuhr

Methode zur Klassifizierung von Unfallszenarien mithilfe von FE-Gesamtfahrzeugsimulationen, Wavelettransformierten und künstlichen neuronalen Netzen

disserta
Verlag

Fuhr, Bastian: Methode zur Klassifizierung von Unfallszenarien mithilfe von FE-Gesamtfahrzeugsimulationen, Wavelettransformierten und künstlichen neuronalen Netzen, Hamburg, disserta Verlag, 2012

ISBN: 978-3-95425-024-0
Druck: disserta Verlag, ein Imprint der Diplomica® Verlag GmbH, Hamburg, 2012

Bibliografische Information der Deutschen Nationalbibliothek
Die Deutsche Nationalbibliothek verzeichnet diese Publikation in der Deutschen Nationalbibliografie; detaillierte bibliografische Daten sind im Internet über http://dnb.d-nb.de abrufbar.

Die digitale Ausgabe (eBook-Ausgabe) dieses Titels trägt die ISBN 978-3-95425-025-7 und kann über den Handel oder den Verlag bezogen werden.

Zugl.: Hamburg, Helmut-Schmidt-Universität, Dissertation, 2012

Dieses Werk ist urheberrechtlich geschützt. Die dadurch begründeten Rechte, insbesondere die der Übersetzung, des Nachdrucks, des Vortrags, der Entnahme von Abbildungen und Tabellen, der Funksendung, der Mikroverfilmung oder der Vervielfältigung auf anderen Wegen und der Speicherung in Datenverarbeitungsanlagen, bleiben, auch bei nur auszugsweiser Verwertung, vorbehalten. Eine Vervielfältigung dieses Werkes oder von Teilen dieses Werkes ist auch im Einzelfall nur in den Grenzen der gesetzlichen Bestimmungen des Urheberrechtsgesetzes der Bundesrepublik Deutschland in der jeweils geltenden Fassung zulässig. Sie ist grundsätzlich vergütungspflichtig. Zuwiderhandlungen unterliegen den Strafbestimmungen des Urheberrechtes.

Die Wiedergabe von Gebrauchsnamen, Handelsnamen, Warenbezeichnungen usw. in diesem Werk berechtigt auch ohne besondere Kennzeichnung nicht zu der Annahme, dass solche Namen im Sinne der Warenzeichen- und Markenschutz-Gesetzgebung als frei zu betrachten wären und daher von jedermann benutzt werden dürften.

Die Informationen in diesem Werk wurden mit Sorgfalt erarbeitet. Dennoch können Fehler nicht vollständig ausgeschlossen werden und der Verlag, die Autoren oder Übersetzer übernehmen keine juristische Verantwortung oder irgendeine Haftung für evtl. verbliebene fehlerhafte Angaben und deren Folgen.

© disserta Verlag, ein Imprint der Diplomica Verlag GmbH
http://www.disserta-verlag.de, Hamburg 2012
Hergestellt in Deutschland

Methode zur Klassifizierung von Unfallszenarien mithilfe von FE-Gesamtfahrzeugsimulationen, Wavelettransformierten und künstlichen neuronalen Netzen

Von der Fakultät für Maschinenbau
der Helmut-Schmidt-Universität / Universität der Bundeswehr Hamburg
zur Erlangung des akademischen Grades eines Doktor-Ingenieurs
genehmigte

DISSERTATION

vorgelegt von

Bastian Fuhr
aus Strausberg

Hamburg 2012

Referent: Univ.-Prof. Dr.-Ing. M. Meywerk
Korreferent: Univ.-Prof. Dr.-Ing. K. Krüger

Tag der mündlichen Prüfung: 27. März 2012

Danksagung

Die vorliegende Arbeit entstand während meiner dreijährigen Verwendung als Wissenschaftlicher Mitarbeiter Offizier am Institut für Fahrzeugtechnik und Antriebssystemtechnik (IFAS) der Helmut-Schmidt-Universität – Universität der Bundeswehr Hamburg.

Daher gilt mein Dank an erster Stelle Herrn Prof. Dr.-Ing. M. Meywerk, der mir die Möglichkeit zur Promotion bot, das notwendige Vertrauen in mich setzte und mir beim Gelingen der Arbeit durch fachliche Unterstützung behilflich war. Herrn Prof. Dr.-Ing. K. Krüger danke ich für das Interesse an der Arbeit, für die fachlichen Hinweise zum Einsatz künstlicher neuronaler Netze und der Übernahme des Korreferats und den daraus resultierenden Mühen. Des Weiteren möchte ich mich bei allen Mitarbeitern des Instituts bedanken, wobei ich Herrn Dipl.-Ing. (FH) A. Sonnenberg, Herrn Dr.-Ing. W. Tomaske und Herrn Dipl.-Tech. Math. N. Fischer von Rönn hervorheben möchte. Zudem danke ich Frau M. Gerds für die Unterstützung bei der Erstellung mehrerer Bilder. Abschließend gilt mein Dank allen Studenten, insbesondere Herrn Oberleutnant Dipl.-Ing. S. Rühmer und Herrn Oberleutnant R. Steinich, die mithilfe ihrer Studien-, Bachelor-, Master- und Diplomarbeiten zum Gelingen der Arbeit beigetragen haben.

Abschließend möchte ich mich ganz herzlich bei meinen Eltern, meinem Bruders, meiner Oma, meinen Freunden und vor allem meiner Ehefrau Anna für das Verständnis, das Interesse und die Unterstützung während der Fertigstellung der Arbeit bedanken.

Hamburg, im Juli 2012
  Bastian Fuhr

Inhaltsverzeichnis

1	**Einleitung**	**1**
1.1	Problemstellung	2
1.2	Stand der Forschung	5
1.3	Zielsetzung der Arbeit	7
1.4	Gliederung der Arbeit	8
2	**Theoretische Grundlagen**	**9**
2.1	Grundlagen der Finite-Elemente-Methode	9
2.1.1	Historischer Überblick	10
2.1.2	Allgemeines Vorgehen und Plausibilitätsbetrachtungen	13
2.1.3	Abbildung von elasto-plastischem Materialverhalten	16
2.1.4	Definition von Kontaktalgorithmen	20
2.1.5	Bestimmung des Zeitschritts	22
2.1.6	Auftreten und Ursachen von Hourglass-Moden	24
2.2	Ursprung und Grundlagen der Wavelettransformation	25
2.2.1	Grundlagen der Fouriertransformation	27
2.2.2	Grundlagen der gefensterten Fouriertransformation	28
2.2.3	Grundlagen der Wavelettransformation	30
2.3	Grundlagen der künstlichen neuronalen Netze	35
2.3.1	Biologische neuronale Netze als Vorbild	35
2.3.2	Historische Entwicklung der künstlichen neuronalen Netze	39
2.3.3	Arbeitsweise der Feed-Forward-Netze	41
2.3.4	Trainingsmöglichkeiten für künstliche neuronale Netze	45
2.3.5	Funktionalität der Selbstorganisierenden Karten nach Kohonen	54
3	**FE-Simulationen des Gesamtfahrzeugs**	**59**
3.1	Vorstellung des Realfahrzeugs und des FE-Modells	59
3.2	Umfelderfassung, Unfalldetektierung und Fahrgastzellenaufbau moderner Fahrzeuge	62
3.3	Simulation der Unfallszenarien	70

4	**Signalverarbeitung und Aufbau der künstlichen neuronalen Netze**	**73**
4.1	Verarbeitung der Simulationssignale	73
4.1.1	Erkenntnisse aus den Beschleunigungssignalen und den zugehörigen Wavelettransformierten	73
4.1.2	Verwendung der Gierrate und des Anstiegs der Beschleunigungssignale	79
4.1.3	Diskretisierung der Wavelettransformierten	81
4.2	Erstellung der künstlichen neuronalen Netze	84
4.2.1	Festlegung der Netztopologie	85
4.2.2	Auswahl der Lernstrategie und des Trainingsalgorithmus	88
5	**Klassifizierung von Unfallszenarien**	**93**
5.1	Unfallparameterabschätzung beim geraden Pfahlaufprall	93
5.1.1	Abschätzung der Aufprallgeschwindigkeit in Fahrzeuglängsrichtung beim geraden Pfahlaufprall	94
5.1.2	Abschätzung der Hindernisposition beim geraden Pfahlaufprall	105
5.1.3	Schlussfolgerungen zur Klassifizierung von geraden Pfahlunfällen	112
5.2	Unfallparameterabschätzung beim schrägen Pfahlaufprall	114
5.2.1	Abschätzung der Aufprallgeschwindigkeit in Fahrzeuglängsrichtung beim schrägen Pfahlaufprall	115
5.2.2	Abschätzung der Aufprallgeschwindigkeit in Fahrzeugquerrichtung beim schrägen Pfahlaufprall	121
5.2.3	Abschätzung der Hindernisposition beim schrägen Pfahlaufprall	126
5.2.4	Schlussfolgerungen zur Klassifizierung von schrägen Pfahlaufprällen	130
5.3	Untersuchungen zur Robustheit der Methode	131
5.3.1	Untersuchung des Fahrzeuggewichtseinflusses	132
5.3.2	Untersuchung des Einflusses der Hindernisgeometrie	139
5.3.3	Untersuchung der Eingabedaten auf charakteristische Merkmale mit SOM	150
6	**Zusammenfassung und Ausblick**	**155**

A	**Anhang**	**157**
A.1	Auflistung der variierten Unfallparameter in den FE-Gesamtfahrzeugsimulationen	157
A.2	Verwendete Trainingsvarianten	158
A.3	Darstellung aller Ergebnisse bei Unfallszenarien mit schrägem Pfahlaufprall	160

Literaturverzeichnis **167**

Abkürzungsverzeichnis

ABS	Antiblockiersystem
ADAC	Allgemeiner Deutscher Automobil-Club
BASt	Bundesanstalt für Straßenwesen
CAD	Computer Aided Design
CFC	Channel-Frequency-Class
CWT	Continuous Wavelet Transformation
ESP	elektronisches Stabilitätsprogramm
EU	Europäische Union
FE	Finite-Elemente
FEM	Finite-Elemente-Methode
IEEE	Institute of Electrical and Electronics Engineers
IFAS	Institut für Fahrzeugtechnik und Antriebssystemtechnik
KNN	Künstliches neuronales Netz
MIT	Massachusetts Institute of Technology
MKS	Mehrkörpersysteme
NCAP	New Car Assessment Programme
NHTSA	National Highway Traffic Safety Administration
OCS	Occupant Classification System
OOP	Out of Position
ROS	Roleover Sensing
RProp	Resilient Propagation
SAE	Society of Automotive Engineers
SOM	Self-Organizing Maps
US	United States
VDI	Verein Deutscher Ingenieure
WFT	Windowed Fourier Transformation

1 Einleitung

Im Rahmen der Arbeit wird eine Methode zur Klassifizierung von Unfallszenarien vorgestellt, in denen ein Fahrzeug mit einem Pfahl kollidiert. Für eine genaue Abschätzung der Unfallparameter sind Beschleunigungs- und Gierratensignale notwendig, die mithilfe von FE-Gesamtfahrzeugsimulationen gewonnen werden. Sowohl die Beschleunigungs- als auch die Gierratensignale erfahren im Anschluss eine Wavelettransformation und Diskretisierung. Dies ist notwendig, um wesentliche Informationen in einer geeigneten Form aus den Signalen ziehen zu können, damit diese als Eingangsparameter für künstliche neuronale Netze nutzbar sind. Mithilfe der künstlichen neuronalen Netze erfolgt die Abschätzung der wesentlichen Unfallparameter, nämlich die Aufprallgeschwindigkeit in Fahrzeuglängs- und Fahrzeugquerrichtung sowie die Position des Pfahlhindernisses. Zudem können diese Unfallparameter nach einem erfolgreichen Training eines künstlichen neuronalen Netzes auch für unbekannte Unfallszenarien bestimmt werden, wobei die äußeren Grenzen der Trainingsmenge einzuhalten sind. Das prinzipielle Vorgehen innerhalb der hier vorgestellten Arbeit ist in Bild 1.1 anschaulich dargestellt.

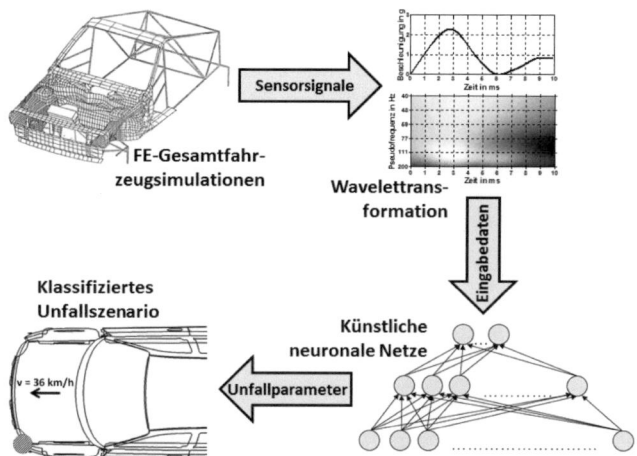

Bild 1.1: Allgemeines Vorgehen bei der Erstellung der in dieser Arbeit vorgestellten Methode zur Klassifizierung von Unfallszenarien

In Abschnitt 1.1 wird die Notwendigkeit neuer Methoden zur Klassifizierung von Unfallszenarien dargelegt. Neben einigen Informationen zur Verkehrssicherheit wird zudem eine kurze Einführung in die Fahrzeugsicherheit gegeben. Daran schließt sich im zweiten Abschnitt eine Übersicht zu aktuellen Forschungsarbeiten mit dem Ziel einer verbesserten passiven Fahrzeugsicherheit an. In Abschnitt 1.3 wird das Ziel der Arbeit unter Angabe entsprechender Einsatzgebiete definiert. Abschließend wird die Gliederung der Arbeit vorgestellt.

1.1 Problemstellung

Während der Entwicklung neuer Fahrzeuge nehmen Sicherheitsaspekte eine wesentliche Rolle ein, wobei eine grobe Gliederung in zwei Bereiche erfolgt. Systeme der aktiven Sicherheit, wie beispielsweise das ABS oder ESP, verfolgen das Ziel einer Unfallvermeidung. Sie greifen in kritischen Fahrsituationen ein, bevor sich ein Unfall ereignet (siehe Bild 1.2). Das Bestreben der passiven Sicherheit ist, eine Verringerung des Verletzungsrisikos oder der Unfallschwere in einem unvermeidbaren Unfall. Zu diesem Zweck werden Airbags, Gurtstraffer und weitere Rückhaltesysteme eingesetzt. Aufgrund der zunehmenden Sensorik zur Umfelderfassung gibt es außerdem Systeme, die bereits vor dem Unfallereignis mit dem Ziel der Verringerung der Unfallschwere eingreifen (siehe SCHÖNEBURG [94]). Zu diesen sogenannten Pre-Crash-Systemen gehören beispielsweise selbstständige Brems- oder Lenkvorgänge, die bei unvermeidbaren Unfällen ausgeführt werden. Ein anderes Beispiel liefern SCHÖNEBURG UND BAUMANN [95], die von einem Airbag berichten, der sich zwischen der Fahrbahn und einem verstärkten Bereich des Fahrzeugbodens befindet, um somit eine zusätzliche Bremswirkung zu erzielen. Für diese Systeme, die eine Verbindung von der aktiven zur passiven Sicherheit herstellen, ist der Begriff der integralen Sicherheit geschaffen worden.

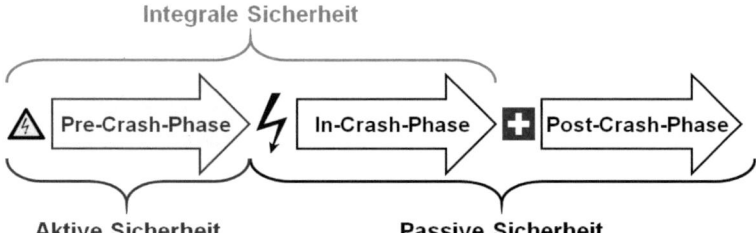

Bild 1.2: *Zeitliche Darstellung eines Unfallablaufs in drei Phasen unter Benennung der beteiligten Sicherheitssysteme*

Durch kontinuierliche Verbesserungen und Entwicklungen von neuen Systemen sowohl der passiven als auch der aktiven Fahrzeugsicherheit hat seit den 70er Jahren bezüglich der Verkehrssicherheit eine sehr positive Entwicklung stattgefunden. Diese wird im Folgenden eingehender diskutiert und zeigt gleichzeitig

1.1 Problemstellung

zukünftige Schritte auf. Zudem gibt Tabelle 1.1 einen Überblick zu besonders bedeutenden Beiträgen zur Steigerung der Sicherheit im Straßenverkehr. Weitere Meilensteine im Bereich der Fahrzeugsicherheit und ein Ausblick bis ins Jahr 2015 werden von FRICKENSTEIN [31] aufgezeigt.

Tabelle 1.1: Bemerkenswerte Entwicklungen zur Steigerung der Fahrzeugsicherheit nach LAUERER [63], CHAN [20] und der DAIMLER AG [25]

1949	Gepolstertes Armaturenbrett	Ford
1950	Sicherheitsgurt	Ford
1951	Knautschzone & steife Fahrgastzelle	Mercedes-Benz
1959	Dreipunktgurt	Volvo
1967	Kopfstützen	Chrysler
1972	Fahrerairbag	GM
1978	Antiblockiersystem (ABS)	Mercedes-Benz & BMW
1981	Airbag kombiniert mit Gurtstraffer	Mercedes-Benz
1985	Beifahrerairbag	Mercedes-Benz
1986	Sicherheitslenksäule	Audi
1994	Mikrobeschleunigungssensor zur Unfallerkennung	SAAB
1995	Sitzintegrierter Seitenairbag	Volvo
1995	Elektronisches Stabilitätsprogramm (ESP)	Mercedes-Benz
1996	Insassenerkennung	BMW
1996	Bremsassistent	Mercedes-Benz
1997	Kopfairbag	BMW & Volvo
2002	Pre-Safe-System	Mercedes-Benz
2006	Autonome Teilbremsung	Mercedes-Benz
2009	Autonome Vollbremsung	Mercedes-Benz

Obwohl sich der Bestand an Fahrzeugen in Deutschland in den Jahren von 1970 bis 2006 nahezu verdreifacht hat, hat sich sowohl die Anzahl von Verletzten als auch von getöteten Personen im Straßenverkehr reduziert (siehe Bild 1.3, links). Besonders imposant ist die Reduzierung der Zahl der Verkehrstoten auf etwa 5.000 im Jahr 2006. Dies entspricht einem Viertel im Vergleich zum Maximalwert von etwa 21.000 Verkehrstoten im Jahr 1970. Zudem konnte ein bis 1970 anhaltender Aufwärtstrend bezüglich der Verkehrstotenanzahl gestoppt und dauerhaft umgekehrt werden (siehe Bild 1.3, rechts). Eine detaillierte Betrachtung der Entwicklung in Deutschland von 2000 bis 2009 wird von der BASt [85] geliefert. Ähnlich positive Entwicklungen sind auch EU-weit durch die Europäische Kommission [58] und in den USA durch das NHTSA [66] veröffentlich worden.

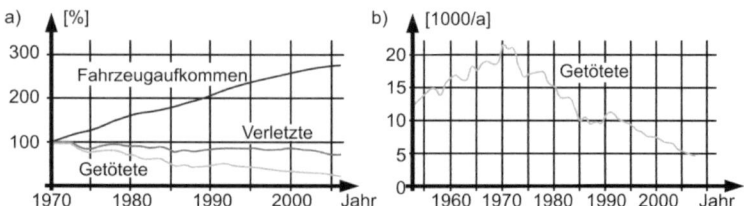

Bild 1.3: *Entwicklung des Fahrzeugaufkommens und der Zahl von im Straßenverkehr verletzten und getöteten Personen in Deutschland aus WALTER [107]*

Diese positive Entwicklung in den letzten vier Jahrzehnten ist auf drei wesentliche Faktoren zurückzuführen. Besonders stark hat die kontinuierlich gesteigerte passive Fahrzeugsicherheit beigetragen, die durch zahlreiche und ständig erweiterte Testprogramme, wie dem Euro NCAP oder dem US NCAP, oder von Versicherungsinstitutionen überprüft wird (siehe VAN RATINGEN [106]). Diese Testergebnisse werden zudem in nutzerspezifischen Fahrzeugzeitschriften und Zeitschriften von Automobilvereinigungen, wie dem ADAC, regelmäßig veröffentlicht. Dadurch werden potentielle Käufer eines Neuwagens bei der Kaufentscheidung im Hinblick auf die Fahrzeugsicherheit positiv beeinflusst. Neben der verbesserten passiven Sicherheit neuer Fahrzeuge, die SCULLION ET AL. [97] gesondert untersucht haben, haben insbesondere aktive Sicherheitssysteme, Fahrerassistenzsysteme und eine verbesserte Infrastruktur zur Vermeidung von Unfällen beigetragen. Zuletzt haben strengere gesetzliche Vorgaben, wie beispielsweise die Anschnallpflicht oder die Reduzierung des zulässigen Alkoholpegels, und deren kontinuierliche Überwachung den Straßenverkehr deutlich sicherer gemacht.

Trotz aller genannten Entwicklungen und Maßnahmen ist die Zahl der verletzten und getöteten Personen im Straßenverkehr noch immer sehr hoch und führt zu immensen volkswirtschaftlichen Finanzschäden. Allein im Jahr 2006 sind etwa 43.000 Personen auf europäischen Straßen ums Leben gekommen (siehe Europäische Kommission [57]). Gleichzeitig ist dabei ein im WEIßBUCH [58] gesetztes Ziel, das eine Halbierung der Unfalltoten im Straßenverkehr bis 2010 im Vergleich zu 2001 verfolgt, in weite Ferne gerückt. Zuletzt sei gesagt, dass gemäß der jährlichen Bekanntgabe durch das STATISTISCHE BUNDESAMT [103] in Deutschland auch im Jahr 2010 wieder 3648 Menschen im Straßenverkehr ums Leben kamen. Dies entspricht 10 getöteten Personen pro Tag – ein Zustand, der schnellstmöglich nach unten korrigiert werden muss.

Zu diesem Zweck ist eine weitere Verbesserung der Fahrzeugsicherheit von größter Bedeutung, die zweifelslos mit den neuen Systemen der integralen Fahrzeugsicherheit möglich ist. Aber auch die passiven Sicherheitssysteme müssen durch neue Komponenten erweitert werden (siehe ADUMA ET AL. [2]). Des Weiteren müssen jedoch insbesondere neue Methoden für eine rechtzeitige Klassifizierung des Unfallszenarios und der somit bedarfsgerechten Auslösung der Rückhaltesysteme entwickelt werden. Nur so können auch die gesteigerten Anforderungen des Euro NCAP und des US NCAP erfüllt werden (siehe SOHR UND HEYM [100]). Zudem ist es das höchste Ziel, dass die Fahrzeuginsassen vor allem in realen Unfallsituationen und nicht nur in den entsprechenden Testprogrammen optimal geschützt werden, was mit den alten Testvorgaben nicht immer erreicht werden konnte, wie BRUMBELOW UND ZUBY [17] belegen. Eine Verbesserung der passiven Sicherheitssysteme ist so lange von großem Interesse bis ein unfallfreies Fahren möglich ist – ein Unterfangen, das SCHITTENHELM [93] und KOPISCHKE ET AL. [60] zufolge noch lange nicht in Sichtweite ist.

1.2 Stand der Forschung

Im Abschnitt 1.1 ist bereits gezeigt worden, dass das Niveau der Fahrzeugsicherheit in den letzten Jahrzehnten deutlich gesteigert wurde, aber aufgrund der noch immer großen Zahl an verletzten und getöteten Personen im Straßenverkehr weiterhin erhebliches Verbesserungspotential bietet. Insbesondere der Schutz der Fahrzeuginsassen steht hier im Vordergrund, da diese den mit Abstand größten Anteil an der oben genannten Personengruppe stellt (siehe STATISTISCHES BUNDESAMT [103] und NHTSA [66]).

Eine deutliche Verbesserung kann durch moderne Verfahren erzielt werden, die eine frühzeitige Klassifizierung eines Unfallszenarios ermöglichen. Dazu wurden in den letzten Jahren Systeme entwickelt, die den verbundenen Einsatz von Satellitensensoren im Zusammenspiel mit dem Airbagsteuergerät zulassen (siehe GIOUTSOS [37], KRAMER [61], CHAN [20] und HUANG [47]). Allerdings arbeiten die eingesetzten Beschleunigungssensoren weiterhin nach dem kapazitiven Prinzip mikromechanischer Elemente.

Eine neue Form der Unfallsensierung wird jedoch durch LAUERER [63], SPANNAUS [101] und LUEGMAIR [65] beschrieben. Alle klassifizieren unterschiedliche Unfallszenarien mithilfe des Körperschalls. Der Körperschall wird in einem deutlich größeren Frequenzbereich ausgewertet und enthält dadurch erheblich mehr Informationen als die bisher sensierten Biegewellen. Zudem ist die Geschwindigkeit der Ausbreitungswellen frequenzabhängig und daher besitzen hohe Frequenzanteile im Vergleich zu bisher berücksichtigten Biegewellen eine deutlich höhere Ausbreitungsgeschwindigkeit. Aufgrund des betrachteten Frequenzbereiches von 20 bis 20.000 Hz, in dem Körperschallsensoren arbeiten, spricht man in diesem Zusammenhang auch vom hörenden Unfallsensor. Infolge der besseren Klassifizierung von Unfallszenarien mithilfe von Körperschallsensoren kann zudem eine bessere Unterscheidung zwischen sogenannten Fire- und No-Fire-Szenarien getroffen werden. Als Fire-Szenarien werden in diesem Zusammenhang Unfälle bezeichnet, die eine Auslösung der Rückhaltesysteme erfordern, und in No-Fire-Szenarien soll eine Rückhaltesystemauslösung unterbleiben. Wie wichtig die Unterscheidung dieser Szenarien aufgrund regelmäßiger Fehlentscheidungen ist, zeigen BRAVER ET AL. [15]. Weiterhin sind unter anderem von EICHBERGER ET AL. [27], GSTREIN ET AL. [40], GRIOTTO ET AL. [39] und TOUSEN ABDELWAHED [106] alternative Methoden entwickelt worden, die eine adaptive Auslösung der Rückhaltesysteme in Abhängigkeit des Unfallszenarios und der Insassen ermöglichen.

Im Rahmen dieser Arbeit wird eine von den oben genannten abweichende Methode zur Klassifizierung von Unfallszenarien entwickelt, wobei bisherige Untersuchungsergebnisse von FUHR ET AL. [34], [35] und [36] einfließen. Es werden die wesentlichen Unfallparameter eines Unfallszenarios mithilfe von künstlichen neuronalen Netzen abgeschätzt. Zur Abschätzung der Unfallparameter Aufprallgeschwindigkeit in Fahrzeuglängs- sowie Fahrzeugquerrichtung und der Pfahlhindernisposition reichen bereits die ersten 10 ms nach dem Aufprall aus. Als Eingangsparameter der künstlichen neuronalen Netze dienen hierbei wavelettransformierte Beschleunigungs- und Gierratensignale, wobei die Wavelettransformierten zudem stark im Zeit- und Frequenzbereich diskretisiert werden. Somit unterscheidet sich diese Methode deutlich von dem von OMAR ET AL. [80] entwickelten Ansatz, die mithilfe rekursiver Netze das Unfallverhalten eines Fahrzeugs in verschiedenen Unfallsituationen abschätzen.

Die Untersuchungen dieser Arbeit beziehen sich ausschließlich auf Unfallszenarien, bei denen es zu einem frontalen Aufprall gegen ein Pfahlhindernis kommt. Dies ist einerseits in der guten Abbildbarkeit eines solchen Unfallszenarios begründet, andererseits aber auch in der großen Relevanz solcher Unfälle aufgrund der besonderen Aggressivität des Pfahlhindernisses (siehe BERG UND AHLGRIMM [8]). Zudem geht einem Pfahlaufprall häufig ein Fahrzeugschleudern voraus, wodurch die Aufprallgeschwindigkeit nicht zu bestimmen ist.

1.3 Zielsetzung der Arbeit

Aufgrund der noch immer großen Anzahl von verletzten und getöteten Straßenverkehrsteilnehmern verfolgt diese Arbeit das Ziel, einen Beitrag zur Steigerung der passiven Sicherheit zu leisten. Dazu wird eine Methode entwickelt, die eine Klassifizierung von Unfallszenarien ermöglicht, bei denen es zu einem frontalen Pfahlaufprall kommt. Obendrein greift die vorgestellte Methode ausschließlich auf Beschleunigungs- und Gierratensignale zurück, die in einem modernen Fahrzeug zur Verfügung stehen.

Im Rahmen der Klassifizierung werden die wesentlichen Unfallparameter abgeschätzt, wobei die ersten 10 ms nach dem Pfahlaufprall ausreichen. In einem allgemeinen Unfallszenario sind die wesentlichen Unfallparameter die Fahrzeuggeschwindigkeiten in Längs- und Querrichtung sowie die Position des Pfahlhindernisses. Mithilfe der frühzeitigen Klassifizierung des Unfallszenarios kann im Anschluss eine Anpassung der Auslösealgorithmen der Rückhaltesysteme erfolgen, die eine bedarfsgerechte Aktivierung ermöglicht.

Die vorgestellte Methode ist auf einen großen Geschwindigkeitsbereich anwendbar. Somit können die gewonnenen Erkenntnisse zu einem Unfallszenario den Entscheidungsprozess über die Auslösung oder Nicht-Auslösung der irreversiblen Rückhaltesysteme wie Airbags positiv unterstützen.

1.4 Gliederung der Arbeit

Im Anschluss an diese Einleitung werden im zweiten Kapitel die theoretischen Grundlagen der drei eingesetzten Hauptwerkzeuge vorgestellt. Dabei handelt es sich zuerst um die Finite-Elemente-Methode, mit der die notwendigen Simulationen zur Gewinnung der Unfallsignale durchgeführt werden. Aufgrund der Verarbeitung der Unfallsignale wird als zweites die Wavelettransformation näher betrachtet. Abschließend erfolgt eine Einführung in die künstlichen neuronalen Netze, die letztlich die Klassifizierung der Unfallszenarien erlauben.

An die theoretischen Grundlagen schließt sich in Kapitel 3 die Vorstellung der durchgeführten FE-Simulationen mit einem Gesamtfahrzeugmodell an. In diesem Zusammenhang werden zudem Sensoren zur Umfelderfassung und zur Rückhaltesystemauslösung, sowie die Fahrgastzellen moderner Fahrzeuge näher betrachtet. Zuletzt erfolgt eine Beschreibung der untersuchten Unfallszenarien.

Im vierten Kapitel erfolgt eine Betrachtung der bereits angesprochenen Verarbeitung der Unfallsignale. Es wird gezeigt, welche Anpassungen notwendig sind, um aus den Beschleunigungssignalen gute Eingabeparameter für die künstlichen neuronalen Netze zu gewinnen. Ein weiterer Bestandteil des Kapitels stellt die Beschreibung des Aufbaus und des Trainings der künstlichen neuronalen Netze dar.

Anschließend werden die Ergebnisse der Methode zur Klassifizierung von Unfallszenarien in Kapitel 5 vorgestellt, diskutiert und ausgewertet. Dabei werden für eine bessere Übersichtlichkeit anfänglich ausschließlich Unfallszenarien betrachtet, bei denen es zu einem geraden Pfahlaufprall kommt. Im Anschluss an diese ausführlichen Ergebnisdarstellungen wird die Güte der Methode beim Einsatz in Unfallszenarien, bei denen es unter verschiedenen Aufprallwinkeln zu Pfahlaufprällen kommt, geprüft. Zudem wird die Robustheit der Methode anhand kleiner Variationen der Unfallszenarien untersucht.

Den Abschluss der Arbeit bildet eine Zusammenfassung der zuvor bewerteten Ergebnisse in Kapitel 6. Darüber hinaus wird ein Ausblick auf weitere Untersuchungen gegeben.

2 Theoretische Grundlagen

In den folgenden Abschnitten werden die Grundlagen der drei wesentlichen Werkzeuge beschrieben, die im Rahmen der Arbeit zum Einsatz kommen. Es wird in Abschnitt 2.1 auf wichtige Bestandteile der Finite-Elemente-Methode eingegangen, da mit Simulationen die benötigten Sensorsignale gewonnen werden. Anschließend wird im zweiten Abschnitt die kontinuierliche Wavelettransformation grundlegend erläutert, die zur Verarbeitung der gewonnenen Sensorsignale genutzt wird. Zuletzt werden in Abschnitt 2.3 die neuronalen Netze vorgestellt, die schließlich die Abschätzung der verschiedenen Unfallparameter für die unterschiedlichen Unfallszenarien vornehmen.

2.1 Grundlagen der Finite-Elemente-Methode

Der Inhalt dieses Abschnitts ist die Darstellung einiger wesentlicher Bestandteile der Finiten-Elemente-Methode (FEM). Vorab wird jedoch in Unterabschnitt 2.1.1 ein historischer Überblick zur Entwicklung der FEM gegeben. Hierbei wird neben den allgemeinen Ursprüngen insbesondere der Einsatz der Methode in der Fahrzeugentwicklung näher betrachtet. Es wird aufgezeigt, wie der Entwicklungsprozess neuer Fahrzeuge beeinflusst worden ist und welche immensen Vorteile daraus entstanden sind. Detailreiche Informationen dazu sind SPETHMANN [102] zu entnehmen.

Im anschließenden Unterabschnitt 2.1.2 wird der allgemeine Ablauf, von der Erstellung eines Modells bis zur Auswertung der Simulationsergebnisse, beschrieben. Dazu werden beispielhaft einige Plausibilitätsbetrachtungen vorgestellt. Auf die Herleitung dieser Methode zugrunde liegenden Gleichungen wird aufgrund des großen Umfangs verzichtet. Zur weiteren Vertiefung sei daher bereits an dieser Stelle auf BATHE [7], KLEIN [51], RIEG UND HACKENSCHMIDT [87] sowie BETTEN [10] verwiesen.

Die Unfallsimulation zählt insbesondere aufgrund der realitätsnahen Abbildung des elasto-plastischen Materialverhaltens und der verwendeten Kontaktalgorithmen zum Bereich der nichtlinearen FEM, auf die gezielt in MEYWERK [68], WRIGGERS [111] und BETTEN [11] eingegangen wird. Es werden in Unterabschnitt 2.1.3 gängige Beschreibungen des Materialverhaltens und Ansätze zur Berücksichtigung der Dehnratenabhängigkeit vorgestellt. Anschließend werden im vierten Unterabschnitt verschiedene Kontaktalgorithmen unter Berücksichtigung von Vor- und Nachteilen erläutert. Zudem wird auf das mögliche Versagen der Kontaktalgorithmen eingegangen, das teilweise durch eine gezielte Anpassung des Berechnungszeitschritts beeinflusst werden kann. Die Bestimmung und die Auswirkungen des Zeitschritts auf die Berechnungsdauer ist Bestandteil des daran anschließenden fünften Unterabschnitts. Zuletzt erfolgt in Unterabschnitt 2.1.6 eine Erläuterung zu den sogenannten Hourglass-Moden und es wird aufgezeigt, wodurch diese begründet sind.

2.1.1 Historischer Überblick

Die Anfänge der FEM können bis zum Beginn des 20. Jahrhunderts zurückverfolgt werden. Beispielsweise hat RITZ das sogenannte Ritz-Verfahren veröffentlicht, das zunächst aufgrund fehlender Rechnerressourcen nicht von besonderer Bedeutung war (siehe RIEG UND HACKENSCHMIDT [87]). In den 1940er Jahren fanden einige Weiterentwicklungen zu diesem Lösungsverfahren durch COURANT [23] und PRAGER UND SYNGE [83] statt. Darauf aufbauend erfolgten zwei Veröffentlichungen von ARGYRIS UND HRENNIKOPF [4] mit ersten Anwendungen für Stabmodelle (siehe CLOUGH [22] und STEINKE [105]). Neben ARGYRIS wird auch CLOUGH häufig als Vater der FEM bezeichnet, da beide unabhängig voneinander erste Erfolge erzielten (siehe Bild 2.1). Entscheidend beeinflusst wurden die Arbeiten zur FEM durch die Entwicklung der ersten einsatzfähigen Digitalrechner während des Zweiten Weltkriegs, wie beispielsweise des *Zuse Z3* und des *Harvard Mark I* (siehe KLEIN [51]).

Anfang der 1950er Jahre erfolgten erste ingenieursmäßige Anwendungen auf dem Gebiet der Festkörpermechanik. Wie sehr häufig bei technischen Entwicklungen erfolgten die ersten Anwendungen beim Militär. Dies war auch bei der FEM der Fall: die Methode wurde zum ersten Mal im Rahmen der Entwicklung neuer Jet-Flugzeuge bei BOEING zur Auslegung der Zelle und der Tragflächen von den Ingenieuren CLOUGH UND TURNER [21] eingesetzt (siehe RIEG ET AL. [87] und SPETHMANN [102]). CLOUGH war es dann auch, der den Begriff der *Finite-Element-Methode* erstmals aufgrund seiner Modellvorstellung eines aus Teilbereichen zusammengesetzten Kontinuums in einer seiner Veröffentlichungen CLOUGH [21] nutzte (siehe RIEG ET AL. [87] und CLOUGH [22]).

Seit den 1960er Jahren wurde die FEM ständig weiterentwickelt und führte bereits Anfang der 70er Jahre zu einem Markt für kommerzielle Berechnungsprogramme (siehe KRAMER [61]). Heute kommt der FEM während des Entwicklungszyklus, beispielsweise neuer Fahrzeuge oder Anlagen, eine besondere Bedeutung zu. Insbesondere die ständig steigenden Ansprüche an ein neues Produkt bei möglichst geringen Kosten und Entwicklungszeiten machen realitätsgetreue Berechnungen unabdingbar (siehe FRISCH [29] und MÜLLER [74]). Aufgrund solcher realitätsgetreuen Berechnungen können viele teure Prototypen eingespart und Schlussfolgerungen aus den Ergebnissen schnell umgesetzt werden. Daher erfolgen die ersten Iterationsschleifen bei der Entwicklung neuer Produkte ausschließlich an virtuellen Modellen. Die Genauigkeitsgüte der Berechnungen lässt sich dadurch verdeutlichen, dass bereits seit einigen Jahren die ersten Prototypen eines neuen Fahrzeugmodells zuerst in digitaler Form vorliegen. Vor allem bei der Auslegung des Unfallverhaltens eines neuen Fahrzeugs sind aufgrund der Reduzierung vieler Prototypentests immense Kosteneinsparungen möglich (siehe MEYWERK [68] und KRAMER [61]). Daher wird im Folgenden kurz auf den Einfluss der FEM im Bereich der passiven Sicherheit eingegangen.

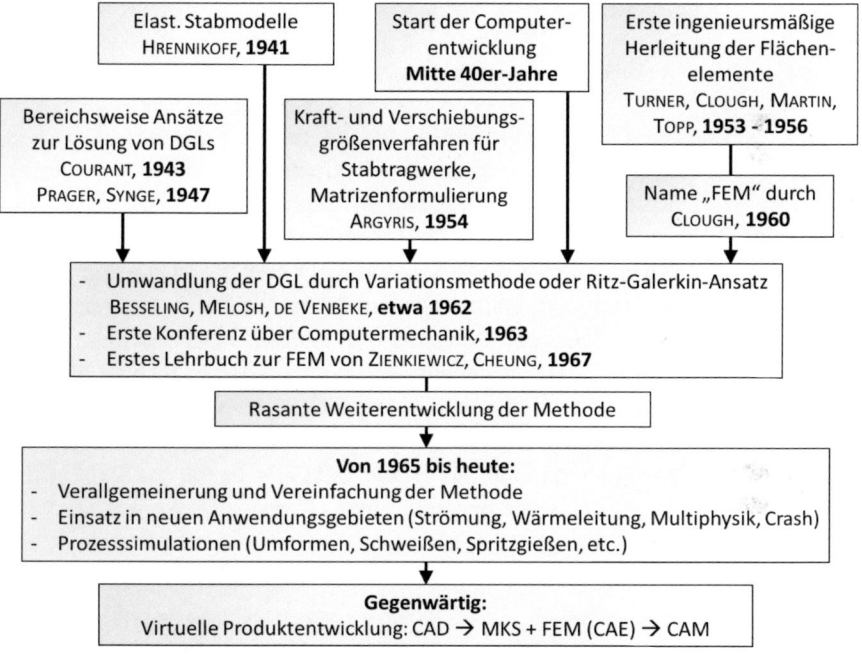

Bild 2.1: Entwicklungsschritte zur modernen FEM nach KLEIN [51]

Zu Beginn der 1970er Jahre gelang es, erste Berechnungen für einzelne Komponenten durchzuführen, wobei die Modelle mit etwa 100 Elementen im Vergleich zu heutigen Modellen geradezu winzig waren. Erst Mitte der 80er Jahre waren sowohl die Software als auch die Hardware so weit entwickelt, dass erste Frontalunfallsimulationen für ein Gesamtfahrzeug durchgeführt werden konnten (siehe KRAMER [61]). Dass es sich nur im entfernten Sinne um Gesamtfahrzeugmodelle nach den heutigen Maßstäben handelte, zeigt Bild 2.2, das ein FE-Modell eines VW Polo aus dem Jahre 1986 abbildet, wirkungsvoll.

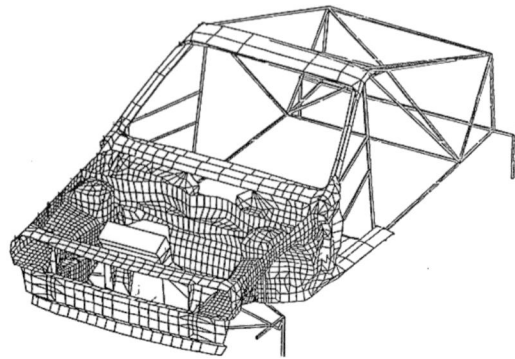

Bild 2.2: Erstes FE-Modell für Frontalunfalluntersuchungen eines VW Polo aus HAUG [41]

Bereits nach wenigen Jahren wurden die Modelle aufgrund des ständig steigenden Einsatzes und der Leistungszunahme der Computer deutlich detaillierter. Somit hatte beispielsweise das FE-Modell eines Opel Astra 1990 bereits 70.000 Elemente (siehe FRISCH [29] und KRAMER [61]). Aufgrund der höheren Ergebnisgenauigkeiten wurden immer mehr Crashversuche, die äußerst personalaufwendig sind und einige hundert Messsensoren benötigen (siehe MOSS UND BECKAGE [73]), durch Berechnungen ersetzt. Durch genauere Vordimensionierungen mithilfe von Simulationen konnten sowohl Kosten als auch Entwicklungszeiten verringert werden. Aktuelle Berechnungsmodelle bestehen aus zwei bis drei Millionen Elementen und bilden nahezu jedes Bauteil des späteren Realfahrzeugs detailliert ab (siehe Bild 2.3, sowie KRAMER [61]). Zudem sind sowohl alle sicherheitsrelevanten Komponenten, wie Airbags, Gurtstraffer und Gurtkraftbegrenzer, als auch äußerst realistische Dummys, also menschenähnliche Puppen, Bestandteil des Berechnungsmodells.

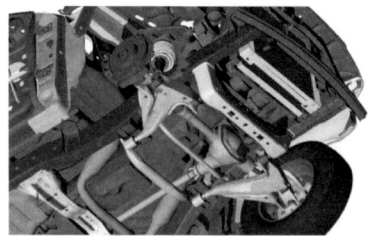

Bild 2.3: Beispiel eines modernen FE-Gesamtfahrzeugmodells aus MEYWERK [68]

Die limitierende Größe für Modelle ist der Anspruch einer Übernachtberechnung, so dass der Ingenieur bereits am nächsten Morgen seine Ergebnisse auswerten und weitere Modellanpassungen vornehmen kann. Somit hat insbesondere die bereits angesprochene rasante Entwicklung der Digitalrechner in den letzten Jahrzehnten für den stetig steigenden Einsatz der FEM im Entwicklungsprozess der Flugzeug-, Fahrzeug- und Maschinentechnik gesorgt. Besonders eindrucksvoll kann die Leistungssteigerung der Digitalrechner durch das von MOORE erstmals 1965 aufgestellte Gesetz verdeutlicht werden. Das MOOREsche Gesetz besagt, dass sich die Rechnerleistung alle 18 bis 24 Monate verdoppelt, und es hat bis heute seine Gültigkeit (siehe MOORE [72]).

Der hohe Detaillierungsgrad der Modelle ermöglicht die Auslegung und Weiterentwicklung vorhandener Sicherheitssysteme. Beispielsweise wäre die Entwicklung des in dieser Arbeit vorgestellten Verfahrens ohne detailgetreue Modelle und extreme Rechenkapazitäten vor einigen Jahren noch nicht möglich gewesen. Des Weiteren sind nur durch einen zielgerichteten Einsatz der vorhandenen Simulationswerkzeuge die Erweiterungen in den Fahrzeugmodellpaletten aller Fahrzeughersteller und die damit erforderlichen Entwicklungsdauerverkürzungen möglich gewesen. Gleichzeitig werden höhere Ansprüche an das Fahrverhalten und die Fahrzeugsicherheit erfüllt. Hierbei sei angemerkt, dass Untersuchungen zum Fahrverhalten eines Fahrzeugs im Wesentlichen durch Mehrkörpersimulationen, im Folgenden durch MKS abgekürzt, durchgeführt werden. Aber durch einen gekoppelten Einsatz von MKS- und FE-Modellen waren auch hier deutliche Verbesserungen in den letzten Jahren zu erzielen (siehe FUHR ET AL. [33], [32] sowie MEYWERK ET AL. [70]).

Zusammenfassend hat der ständig steigende Einsatz der FEM, der maßgeblich von der Rechnerentwicklung beeinflusst wurde, den Entwicklungsprozess neuer Flugzeuge, Fahrzeuge und Maschinen erheblich verändert. Zudem ist die FEM ein wesentlicher Bestandteil für das Verbessern der passiven Sicherheit und ergänzt Fahrverhaltensuntersuchungen in modernen Fahrzeugen.

2.1.2 Allgemeines Vorgehen und Plausibilitätsbetrachtungen

Im Folgenden wird das allgemeine Vorgehen zur Durchführung einer FE-Berechnung dargestellt (siehe Bild 2.4). Zudem wird auf mögliche Plausibilitätsbetrachtungen eingegangen, da die Überprüfung der Ergebnisse von besonderer Bedeutung ist. Ausführlichere Betrachtungen zu den einzelnen Arbeitsschritten sind in BATHE [7], KLEIN [51] und MEYWERK [68] zu finden.

Die meisten FE-Modelle können aus CAD-Modellen generiert werden, die bereits aus vorangegangenen Arbeitsschritten vorhanden sind (siehe FRISCH [29]). Allerdings sind die Ansprüche an die FE-Modelle einerseits und die CAD-Modelle andererseits teilweise sehr unterschiedlich und es ist meist eine Anpassung des FE-Modells erforderlich. Häufig müssen doppelt definierte Flächen entfernt und minimal getrennte Flächen miteinander verbunden werden. Um eine schnelle Berechnung bei gleichzeitig guten Ergebnissen zu erreichen, geht der Berechnungsingenieur nach dem Motto *„So einfach wie möglich, aber so aufwendig wie nötig"* vor. Dazu gehören beispielsweise sehr feine Vernetzungen in Bereichen von besonderem Interesse und gröbere Elemente in unbedeutenden Bereichen. Des Weiteren folgen allgemeine Vereinfachungen an der Bauteilgeometrie. Welche Vereinfachungen an einem FE-Modell vorgenommen werden dürfen, hängt von der zu lösenden Aufgabenstellung ab (siehe MEYWERK [68]).

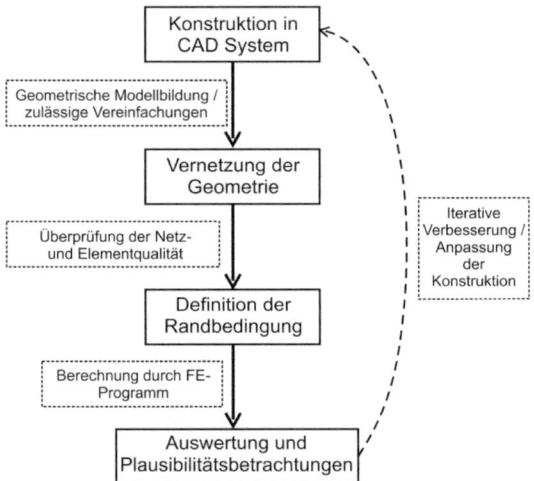

Bild 2.4: *Allgemeiner Ablauf einer FE-Berechnung nach MEYWERK [68]*

Für die Vernetzung sind verschiedene Elementtypen mit unterschiedlichen Ansatzfunktionen zur Abbildung der Verformung wählbar. Für die räumliche Abbildung eines Modells gibt es eindimensionale Stab-, zweidimensionale Flächen- und dreidimensionale Volumenelemente. Die Ansatzfunktionen erstrecken sich von linearer Ordnung bis hin zu sehr hohen Ordnungen. Die Definition der Ansatzfunktionen erfolgt in dem Sinne, dass sie an einem Knoten den Wert 1 annehmen und an den übrigen Knoten 0 sind. Bei Ansatzfunktionen höherer Ordnung befinden sich die zusätzlichen Knoten mittig zwischen den

Eckpunkten, auf den Kanten oder auf der Fläche (siehe Bild 2.5). Diese Anpassung wird als p-Methode bezeichnet und vergrößert die erforderliche Rechenzeit. Gleichzeit sind aber bessere Ergebnisse zu erzielen (siehe MEYWERK [68]).

In der Crashsimulation werden überwiegend zweidimensionale Dreieck- und Viereckelemente mit linearen Ansatzfunktionen verwendet. Folglich besteht ein Dreieckelement aus drei und ein Viereckelement aus vier Knoten, wobei sich die Knoten an den Eckpunkten der Elemente befinden. Der Anteil an Dreieckelementen sollte jedoch möglichst gering gehalten werden, da es sonst zu einer zu steifen Abbildung des Bauteils kommt (siehe MEYWERK [68]).

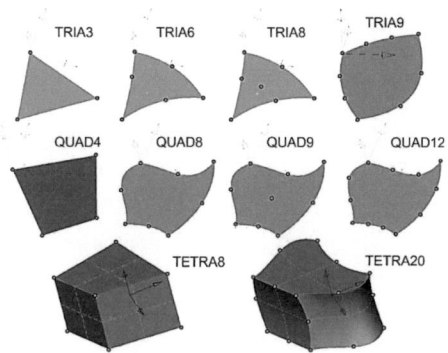

Bild 2.5: Finite-Elemente-Typen aus MEYWERK [68]

Die Vernetzung eines Bauteils erfolgt in heutigen Programmen automatisch. Allerdings ist anschließend eine Überprüfung des Netzes nach den oben genannten Kriterien notwendig. Zum einen sollte das Netz die gewünschte Aufteilung des Bauteils erfüllen und zum anderen sollten alle Elemente möglichst geringe Abweichungen zum gleichseitigen Dreieck oder zum Quadrat aufweisen. Eine Übersicht der verschiedenen Gütekriterien ist in MEYWERK [68] dargestellt.

Im Anschluss an die Vernetzung des Modells werden die Randbedingungen definiert. In dynamischen Unfallsimulationen sind dies beispielsweise die Ausrichtung oder die Anfangsgeschwindigkeit von Fahrzeug und Hindernis zueinander. Des Weiteren können Bewegungsfreiheitsgrade gesperrt werden. In statischen Berechnungen erfolgen andererseits statisch bestimmte Lagerungen und das Aufbringen von äußeren Kräften.

Nach der geometrischen und physikalischen Abbildung des Modells inklusive der notwendigen Randbedingungen erfolgt die mathematische Berechnung durch einen FE-Solver. Dabei wird das Differentialgleichungssystem meist mithilfe eines numerischen Einschrittverfahrens gelöst. Für Unfallberechnungen werden überwiegend explizite Lösungsverfahren eingesetzt, da zum einen die Anforderungen an die Rechnerstruktur geringer und zum anderen die vielen Nichtlinearitäten besser zu lösen sind (siehe KRAMER [61]).

Abschließend erfolgt die Auswertung der Ergebnisse. Ein großer Vorteil der Simulation ist es, dass die Ergebnisse graphisch animiert dargestellt und beliebige Ansichtswinkel gewählt werden können. Darüber hinaus können Bauteile ausgeblendet werden, um somit einen Blick auf eigentlich verdeckte Fahrzeugkomponenten richten zu können. Zudem können viele Größen in Diagrammen beispielsweise über die Zeit oder den Weg dargestellt werden. Anhand dieser Darstellungen müssen zwingend Plausibilitätsbetrachtungen erfolgen. Dies können einfache Überschlagsrechnungen und Auswertungen der Energiebilanz sein (siehe MEYWERK [68]). Zudem kann überprüft werden, ob die Verformungen realitätsnah sind und mit den Erfahrungen übereinstimmen. Des Weiteren sind die definierten Randbedingungen zu kontrollieren. All diese Punkte erfordern ein gutes Grundwissen und einige Erfahrungen des Berechnungsingenieurs. Die Schlussfolgerungen aus den Ergebnissen können im Anschluss zu Anpassungen des Modells und Neuberechnungen führen.

2.1.3 Abbildung von elasto-plastischem Materialverhalten

Zur Gewinnung von realitätsnahen Unfallsimulationen ist eine möglichst genaue Abbildung des Materialverhaltens der verschiedenen Bauteile entscheidend. Da es bei Unfallsimulationen häufig zu starken Verformungen kommt, ist sowohl der elastische als auch der plastische Bereich von großem Interesse. Infolgedessen gibt es in FE-Programmen unterschiedliche Möglichkeiten, das Materialverhalten abzubilden.

Drei wesentliche Beschreibungen des elasto-plastischen Materialverhaltens sind in Bild 2.6 dargestellt. Bei diesen Betrachtungen wird von der Vergleichsspannung nach VON MISES' σ ausgegangen, die über die Dehnung ε aufgetragen wird. Der Anstieg der Spannungs-Dehnungs-Kurve im elastischen Bereich entspricht stets dem Elastizitätsmodul E, der bei Stahl etwa 210.000 N/mm² beträgt. Allen drei Materialgesetzen ist zusätzlich gemeinsam, dass das Überschreiten der Fließspannung σ_y eine plastische Verformung ε_P zur Folge hat.

In Bild 2.6 a) ist die ideale Plastizität dargestellt. Bei dieser Abbildungsform des Materialverhaltens erfährt das Bauteil eine elastische Verformung, solange die Spannungen im Bauteil geringer sind als die Fließspannung. Dies hat zur Folge, dass das Bauteil seine Ausgangsform wieder einnimmt, sobald die Belastung beseitigt wird. Nach Erreichen der Fließgrenze nimmt die Dehnung bei konstant bleibender Spannung zu. Aufgrund der konstanten Spannung im plastischen Verformungsbereich kann die ideale Plastizität zu numerischen Instabilitäten führen. Des Weiteren entspricht dieses Verhalten nicht der Realität und es werden daher Materialmodelle eingesetzt, die für den plastischen Bereich eine realitätsentsprechende Verfestigung des Materials berücksichtigen.

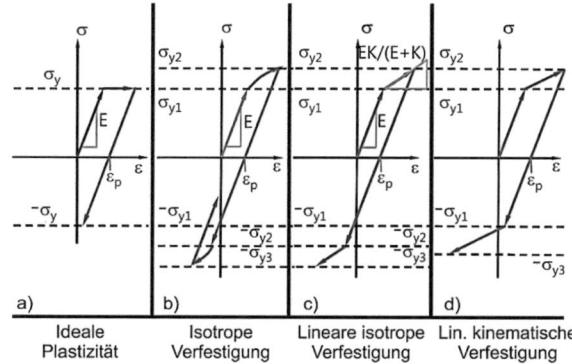

Bild 2.6: *Spannungs-Dehnungs-Diagramme für das Verhalten elasto-plastischer Materialien aus MEYWERK [68]*

Materialmodelle, die die plastische Verfestigung berücksichtigen, sind in den Diagrammen b) bis d) dargestellt. In allen drei Modellen erfolgt der Anstieg der Spannungs-Dehnungs-Kurve im elastischen Bereich dem Elastizitätsmodul entsprechend. Allerdings nimmt die Spannung nach Erreichen der Fließspannung σ_{y1} weiter zu und es tritt eine plastische Verformung ein. Diese Verformung bleibt nach einer Reduzierung der Spannung von σ_{y2} auf $\sigma = 0$ im Bauteil zurück, wobei der abfallende Verlauf der Kurve erneut dem Elastizitätsmodul entspricht. Zudem bleibt die Verfestigung im Material und dies führt dazu, dass sich das Bauteil bei einer erneuten Belastung bis zur neuen Fließspannung σ_{y2} ausschließlich elastisch verformt. Dabei entspricht die Steigung wiederum dem Elastizitätsmodul. Unter Vernachlässigung von Dauerfestigkeitsermüdung treten weitere plastische Verformungen bis hin zu einem eventuellen Versagen des Bauteils erst nach Überschreiten der neuen Fließspannung σ_{y2} auf.

Bei Belastungen des Bauteils in eine andere Richtung werden aufgrund der Materialeigenschaften zwei Fälle unterschieden:

1. Bei einem Werkstoff mit isotroper Eigenschaft wirkt sich die Verfestigung auch für Belastungszustände in die anderen Richtungen aus. Somit tritt eine Verformung erst nach Überschreiten der neuen Fließspannung σ_{y2} auf. Dieses Verhalten ist in den Diagrammen b) und c) dargestellt und wird als isotrope Verfestigung bezeichnet.
2. Wenn sich der Werkstoff bei einer Belastung in die entgegengesetzte Richtung so verhält, wie vor der ersten Verfestigung, bezeichnet man dieses Verhalten als kinematische Verfestigung. Folglich tritt bei diesem Materialmodell bereits bei Erreichen der betragsmäßig ursprünglichen Fließspannung σ_{y1} eine plastische Verformung auf. Dieses Materialverhalten ist in Diagramm d) abgebildet.

Der in Diagramm b) dargestellte Verlauf entspricht dem eines realen metallischen Werkstoffs. Aufgrund der aufwendigen Abbildung des plastischen Materialverhaltens kann der plastische Verformungsbereich linear angenähert werden, wie in den Diagrammen c) und d) gezeigt. Allerdings führt eine lineare Annäherung zu einer geringeren Prognosegüte. Für die Darstellung dieses zweiten linearen Bereichs gibt es zwei Möglichkeiten. Zum einen kann man den sogenannten Tangentenmodul E_t wählen, der bei der Materialdefinition dem Berechnungsprogramm übergeben wird. Der Tangentenmodul gibt dabei die Steigung der Spannungs-Dehnungs-Kurve nach Überschreiten der Fließspannung wieder. Es ist jedoch auch möglich, die Spannung lediglich über den plastischen Anteil der Verformung aufzutragen. Auch dies erzeugt einen linearen Anstieg, der in diesem Fall jedoch dem plastischen Modul K entspricht. Die Abbildung des Materialverhaltens mittels zweier Geraden im elastischen und plastischen Bereich bezeichnet man als bilineares Materialgesetz. Der Zusammenhang zwischen Elastizitäts-, Tangenten- und plastischem Modul kann durch

$$E_t = \frac{EK}{E + K} \qquad (2.1)$$

beschrieben werden, wobei der Tangentenmodul stets kleiner als der Elastizitätsmodul und der plastischer Modul ist.

Es gibt zudem Erweiterungen für die Materialabbildung, die über bilineare Gesetze hinausgehen. Hierbei wird der plastische Verformungsbereich durch mehrere lineare Streckenzüge dargestellt, wobei die Streckenzüge durch Vorgabe von verschiedenen Wertepaaren definiert werden. Die bessere Annäherung an einen nichtlinearen Verlauf, wie in Bild 2.6 b) dargestellt, ist in Bild 2.7 gezeigt.

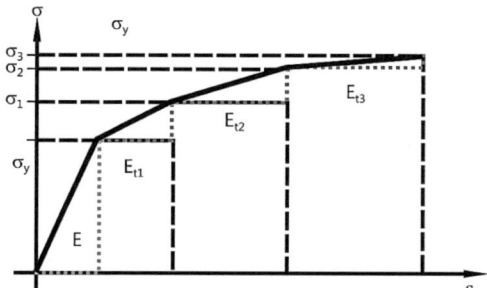

Bild 2.7: Definition einer Spannungs-Dehnungs-Kurve mithilfe von Wertepaaren (σ_i, E_{ti}) aus MEYWERK [68]

Spannungs-Dehnungs-Kurven werden meist in quasistationären Versuchen ermittelt. Allerdings hat insbesondere die Dehnrate $\dot{\varepsilon}$, mit der die Änderungsgeschwindigkeit der Dehnung erfasst wird, starke Auswirkungen auf die Festigkeit eines Materials. Diese Eigenschaft kann zum einen durch ein dehnratenabhängiges Materialgesetz berücksichtigt werden. Dazu werden für ein Material mehrere Spannungs-Dehnungs-Kurven in Abhängigkeit unterschiedlicher Dehnraten definiert. Es können aber auch analytische Beschreibungen zum Einsatz kommen, die das gewünschte Werkstoffverhalten berücksichtigen. Zwei beispielhafte funktionale Vorschriften sind einerseits das COWPER-SYMONDS-Gesetz, das durch

$$\sigma(\varepsilon, \dot{\varepsilon}) = \sigma_0(\varepsilon)\left(1 + \left(\frac{\dot{\varepsilon}}{D}\right)^{\frac{1}{p}}\right) \quad (2.2)$$

gegeben ist, und andererseits das Gesetz nach JOHNSON-COOK, das sich nach

$$\sigma(\varepsilon, \dot{\varepsilon}) = \sigma_0(\varepsilon)\left(1 + \frac{1}{p}\ln\left(\max\left(\frac{\dot{\varepsilon}}{D}, 1\right)\right)\right) \quad (2.3)$$

ergibt. Für beide Gesetze müssen dem Berechnungsprogramm die Parameter p und D übergeben werden. Die Dehnrate wird in jedem Zeitschritt neu berechnet.

2.1.4 Definition von Kontaktalgorithmen

Bei simulierten Unfallszenarien sind richtig abgebildete Kontakte ein wichtiger Faktor. Dazu gehören Kontakte zwischen dem Hindernis und den entsprechenden Fahrzeugteilen, zwischen den Fahrzeugteilen untereinander und eventuell auftretende Selbstkontakte einzelner Bauteile. Zu Selbstkontakten kann es aufgrund großer Deformationen infolge des Unfalls kommen (siehe MEYWERK [68]).

Kontakte sind in der Unfallsimulation einseitige Bindungen, wenn man berücksichtigt, dass sich der Kontaktpartner nach Auftreten des Kontakts nicht weiter verformen kann. Dieses Verhalten stimmt jedoch nicht mit der Realität überein, da auch nach einem Kontakt Verformungen der Kontaktpartner möglich sind. Zudem ist die Berechnung von Kontakten hoch nichtlinear und beansprucht infolgedessen bei FE-Gesamtfahrzeugsimulationen mit etwa 20 % einen wesentlichen Anteil der Berechnungsdauer.

Die auftretenden Kontaktkräfte können mithilfe von Kraft-Verformungs-Gesetzen erfasst werden, wobei sowohl lineare als auch nichtlineare Gesetze verwendet werden. Unabhängig von der Art des Gesetzes kann ein Kontakt gut durch eine Feder mit der Federsteifigkeit k_S, die sich zwischen den Kontaktpartnern befindet, veranschaulicht werden (siehe Bild 2.8). Je stärker die Bauteile zusammengepresst werden, desto größer werden die Federkraft und somit auch die auftretende Kontaktkraft.

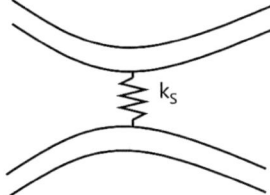

Bild 2.8: Schematische Darstellung der Kontaktkraft durch eine Kontaktsteifigkeit aus MEYWERK [68]

Es gibt verschiedene Möglichkeiten Kontakte in FE-Programmen zu berechnen. Ein gängiges und verbreitetes Verfahren ist die Master-Slave-Methode, die im Folgenden grob vorgestellt wird und in Bild 2.9 abgebildet ist. Wie bei einem FE-Modell üblich, sind die Mittellinien der beiden sich berührenden Bauteile durch das FE-Netz definiert. Zudem wird bereits während des Modellaufbaus das Netz des einen Bauteils als Master- und das Netz des anderen Bauteils als Slave-Netz eingeteilt.

Die Kontaktkraft F, die auf einen Slave-Knoten wirkt, wird durch Bestimmung der Kontaktbereichsdurchdringung nach

$$F = k_s(s_0 - \Delta s) \text{ für } s_0 - \Delta s > 0 \qquad (2.4)$$

berechnet, wobei s_0 die vorgegebene Kontaktbereichsdicke ist. Meist wird die Kontaktbereichsdicke bereits im Vorfeld definiert oder kann durch die Addition der beiden halben Bauteildicken der Kontaktpartner berechnet werden.

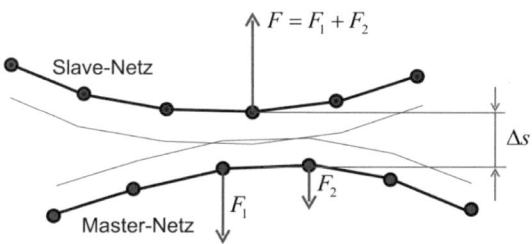

Bild 2.9: Schematische Darstellung des Master-Slave-Kontakts nach MEYWERK [68]

Die Kontaktkraft F wird anschließend auf die beiden gegenüberliegenden Knoten des Master-Netzes unter Berücksichtigung des Abstands zum Slave-Knoten anteilig aufgebracht. Hierbei entspricht die Summe der Kräfte F_1 und F_2 gleich der Kraft F. In gleicher Weise wird mit allen Knoten verfahren, die einen geringeren Abstand Δs als die Kontaktbereichsdicke s_0 aufweisen. Dieses Vorgehen wird als Penalty-Methode bezeichnet (siehe MEYWERK [68]).

Eine spezielle Form von Kontakten stellt der bereits angesprochene Selbstkontakt dar, der meist durch sehr starke Deformationen verursacht wird. In diesem Fall kommen Kontaktalgorithmen zum Einsatz, bei denen alle Knoten eines Bauteils als Slave-Knoten und die zugehörigen Elemente als Master-Elemente eingeteilt werden. Dieses Vorgehen führt zu einer starken Zunahme der Berechnungsdauer, was ein Nachteil gegenüber der Master-Slave-Methode ist. Ein Vorteil ist jedoch die wesentlich einfachere Definition, insbesondere wenn das Verformungsverhalten eines Fahrzeugs schwer vorherzusagen ist und somit nicht bekannt ist, welche Bauteile sich während des Unfalls berühren werden.

Die vorausschauende Festlegung möglicher Kontaktpartner ist nicht die einzige Schwierigkeit, die bei der Kontaktbestimmung auftritt. Aufgrund der notwendigen Zeitdiskretisierung und den teils hohen Relativgeschwindigkeiten zwischen den Bauteilen in Unfallsimulationen kann es zum Versagen der Algorithmen kommen. Die hohen Relativgeschwindigkeiten oder ein zu großer Zeitschritt können dazu führen, dass die beiden Bauteile zum Zeitpunkt $t = t_2$ noch so weit voneinander entfernt sind, dass der Kontaktbereich nicht erreicht und somit keine Kontaktkraft berechnet wird (siehe Bild 2.10). Einen Zeitschritt später, zum Zeitpunkt $t = t_3$, haben sich die beiden Bauteile bereits völlig durchdrungen und sind für die restliche Simulation miteinander verbunden.

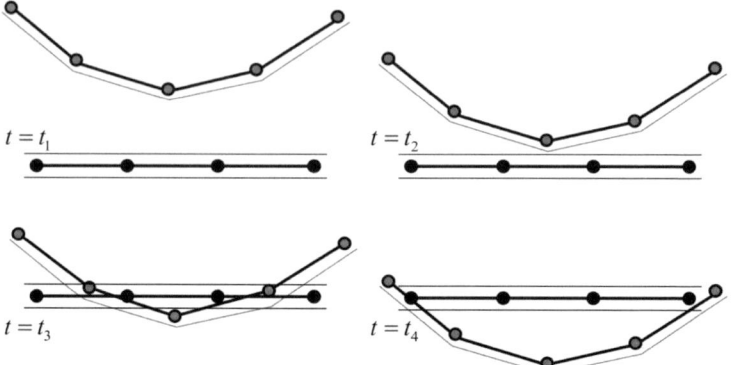

Bild 2.10: *Kontaktversagen aufgrund hoher Relativgeschwindigkeiten nach* MEYWERK *[68]*

Das geschilderte Problem kann auf zwei Wegen behandelt werden, wobei beide Nachteile besitzen. Zum einen könnte der Zeitschritt reduziert werden, was jedoch zu einem Anstieg der Berechnungsdauer führt. Zum anderen kann der Kontaktbereich zwischen den beiden Bauteilen vergrößert werden. Dadurch könnten jedoch Kontakte in der Simulation ermittelt werden, die in der Realität nicht auftreten würden.

2.1.5 Bestimmung des Zeitschritts

Es ist bereits angesprochen worden, dass die Differentialgleichungen des FE-Modells in der Regel durch einfache Einschrittverfahren numerisch gelöst werden. Der dazu verwendete Zeitschritt sollte für schnelle Berechnungen zwar so groß wie möglich, für genaue Ergebnisse aber so klein wie nötig sein. Zur Erreichung dieser Zielsetzung ist die Zeitschrittbestimmung nicht mathematisch motiviert, sondern erfolgt nach physikalischen Gesichtspunkten. Dieses Vorgehen wurde in einer Arbeit von COURANT, FRIEDRICH UND LEVY [24] entwickelt und ist daher als das CFL-Kriterium bekannt (siehe MEYWERK [68]).

Um den sich ändernden Gegebenheiten während einer Unfallsimulation Rechnung zu tragen, hängt der Zeitschritt im Wesentlichen von der kürzesten Elementkantenlänge ab. Dadurch wird eine Zeitschrittstabilität gewährleistet, da eine Zeitschrittanpassung nur bei Änderung dieser Elementkante notwendig ist. Anschaulich erfolgt die Bestimmung des Zeitschritts durch die Ermittlung der Zeit, die eine Welle für die Durchquerung des kleinsten Elements benötigt. Dazu wird die Wellenausbreitungsgeschwindigkeit v_W nach

$$v_W = \sqrt{\frac{E}{\rho}} \tag{2.5}$$

berechnet, wobei E erneut den Elastizitätsmodul und ρ die Dichte des Materials beschreiben. Die kürzeste Kante des kleinsten Elements wird mit l_{min} bezeichnet, und somit kann die obere Grenze des Zeitschritt Δt durch

$$\Delta t = l_{min} \sqrt{\frac{\rho}{E}} \tag{2.6}$$

ermittelt werden. Im Allgemeinen sollte der Zeitschritt ein wenig kleiner sein als die Welle für die Elementdurchquerung benötigt. Des Weiteren kann eine weitere Reduzierung des Zeitschritts notwendig sein, wenn sehr große Relativgeschwindigkeiten im Modell auftreten. Somit ist das Versagen von Kontaktalgorithmen, wie bereits in Unterabschnitt 2.1.4 beschrieben, zu vermeiden.

Infolge von großen Deformationen können einige Elemente im Zuge der Berechnung sehr klein werden. Dies hätte nachteilige Auswirkungen auf den Zeitschritt und würde die Berechnungsdauer zumindest erhöhen oder gar die Beendigung der Berechnung verhindern. Um dies zu vermeiden, kann zu Gegenmaßnahmen gegriffen werden, die beispielsweise das Löschen oder die Erhöhung der Dichte dieser Elemente beinhalten. Die Erhöhung der Dichte wird üblicherweise als *Mass-Scaling* bezeichnet und führt zu einem Anstieg der Modellmasse (siehe MEYWERK [68]). Daher sollte diese Methode nur gezielt und kontrolliert eingesetzt werden, um ein Einhalten der Energiebilanzen zu gewährleisten. Die anschließende Überprüfung obliegt dem Berechnungsingenieur im Rahmen der Ergebnisauswertung.

Für die Berechnung einiger Modelle ist die Bestimmung des Zeitschritts nach dem CFL-Kriterium ungeeignet. Wie bereits erwähnt, ist der Zeitschritt beispielsweise häufig zu groß in Modellen mit Kontakten und hohen Relativgeschwindigkeiten zwischen den Bauteilen. Daher wird speziell in Simulationen mit großen Kontaktkräften, Kontakten zwischen weichen und harten Körpern oder bei Kontakten mit nichtlinearen Kontaktsteifigkeiten der Zeitschritt nach dem sogenannten *Nodal-Time-Step*-Verfahren durch

$$\Delta t \leq \sqrt{\frac{2m_n}{k_s}} \qquad (2.7)$$

bestimmt (siehe MEYWERK [68]). Hierbei sind m_n die Knotenmasse und k_s die Kontaktsteifigkeit.

2.1.6 Auftreten und Ursachen von Hourglass-Moden

Bereits in Unterabschnitt 2.1.1 ist kurz auf den hohen Detaillierungsgrad von Fahrzeugmodellen eingegangen worden, der durch die Abbildung mit gut zwei Millionen Elementen erreicht wird. Die große Anzahl an Elementen hat jedoch gleichzeitig einen außerordentlichen Berechnungsaufwand zur Folge. Um dennoch eine zügige Berechnung zu gewährleisten, werden Verfahren eingesetzt, die zum Teil physikalische oder mathematische Vorgaben verletzen und somit unsinnige Ergebnisse verursachen. In diesem Zusammenhang seien hier die sogenannten Hourglass-Moden genannt, die aufgrund der reduzierten Integration entstehen.

Beim Einsatz der reduzierten Integration erfolgt die Auswertung der Verformung eines linearen Elements lediglich in dessen Mittelpunkt und es wird somit nur ein Integrationspunkt genutzt. Aufgrund dessen kann es vorkommen, dass die Verformung eines Elementes keinen Beitrag zur Verformungsenergie liefert, obwohl dies eigentlich der Fall sein sollte. Begründet ist dies in der unveränderten Lage des Integrationsknotens. Ein Beispiel eines Hourglass-Modes unter Berücksichtigung der schwarz dargestellten Element- und grau abgebildeten Integrationsknoten ist in Bild 2.11 dargestellt.

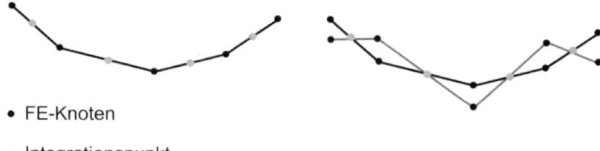

• FE-Knoten

○ Integrationspunkt

Bild 2.11: Hourglass-Moden infolge der reduzierten Integration aus MEYWERK [68]

Dem Auftreten von Hourglass-Moden wirken keine Kräfte entgegen und daher ist ein Einsatz von Korrekturalgorithmen notwendig. Da die Korrekturalgorithmen jedoch Energie in das Gesamtmodell einbringen, muss die Hourglass-Energie vom Berechnungsingenieur gesondert geprüft werden. Es muss darauf geachtet werden, dass der Anteil der Hourglass-Energie nicht zu groß ist, da anderenfalls das Ergebnis zurückgewiesen werden muss (siehe MEYWERK [68]). Als Grenzwert für Unfallsimulationen gilt ein Hourglass-Energieanteil von maximal 10 % der Gesamtenergie.

2.2 Ursprung und Grundlagen der Wavelettransformation

Im Rahmen dieser Arbeit erfolgt die Verarbeitung der Signale, die mit FE-Gesamtfahrzeugsimulationen gewonnen werden, durch die Wavelettransformation. Streng genommen beginnt die Geschichte der Wavelettransformation bereits im Jahre 1807 mit der Formulierung der Fourierreihen (siehe Bild 2.12) und erste fundamentale Überlegungen wurden bereits vor gut einem Jahrhundert angestellt (siehe ABBATE ET AL. [1]). Allerdings erfolgten erste Anwendungen der Wavelettransformation erst in den 1980er Jahren. Seitdem hat sich die Wavelettransformation, insbesondere im Bereich für die Signal- und Bildverarbeitung, weit verbreitet.

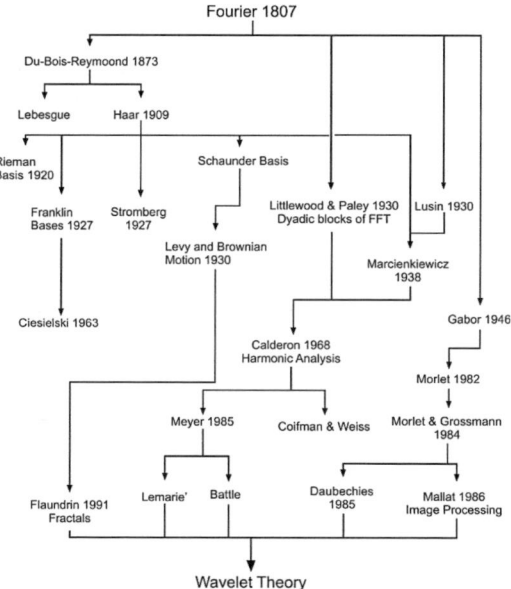

Bild 2.12: Entwicklung von der Fourier- zur Wavelettransformation aus ABBATE ET AL. [1]

Die ursprünglichen theoretischen Vorgaben gehen auf eine Arbeit von GOUPILLAUD, GROSSMANN UND MORLET [38] zurück, die 1984 veröffentlicht wurde. Ebenfalls ist die Arbeit von DAUBECHIES [26] aus 1985 zu nennen. Erste konkrete Überlegungen zur kontinuierlichen Wavelettransformation gehen jedoch bis ins Jahr 1964 zurück, wobei das Verfahren damals unter dem Namen *Calderóns reproduzierende Formel* in der Literatur bekannt geworden ist (siehe LOUIS ET AL. [64]).

Die beiden gängigen Signaldarstellungen sind zum einen die zeitliche Abbildung, also ein Zeitsignal, und zum anderen die spektrale Betrachtung, also die zugehörige Fouriertransformierte. Dies führt zu der Schwierigkeit, Frequenzinformationen aus dem Zeitsignal und andersherum Zeitinformationen aus der Fouriertransformierten zu gewinnen. Folglich bilden diese beiden Darstellungen die Randpunkte auf der Zeit-Frequenz-Auflösungsgerade (siehe Bild 2.13). Die hohe Genauigkeit der einen Information hat eine starke Unschärfe für das Pendant zur Folge.

Bild 2.13: *Auflösung der Zeit-Frequenz-Geraden nach ABBATE ET AL. [1] (CWT steht für Continuous Wavelet Transformation und WFT für Windowed Fourier Transformation)*

Zur Lösung von ingenieursmäßigen Problem mussten daher Verfahren entwickelt werden, die zwischen den Eckpunkten liegen und somit eine begrenzte Auflösung im Zeit- und Frequenzbereich erreichen. Als erstes folgte die gefensterte Fouriertransformation, beziehungsweise die Gabortransformation als eine Sonderform. Die kontinuierliche Wavelettransformation kann als eine Weiterentwicklung der gefensterten Fouriertransformation verstanden werden und ist die allgemeinste Form der Wavelettransformation.

Für ein besseres Verständnis und um einen besseren Vergleich zwischen den Transformationen zu ermöglichen, werden im Folgenden alle drei in Bild 2.13 dargestellten Transformationen grob beschrieben. Der Umfang an mathematischen Herleitungen und Beweisen ist enorm und soll daher nicht Bestandteil dieser Einführung sein. Für tiefergehende Informationen wird auf ABBATE ET AL. [1], LOUIS ET AL. [64], BÄNI [5], BLATTER [12], JANSEN UND OONINCX [48] sowie KAISER [50] verwiesen. Einen Überblick zu vielen Anwendungen der Wavelettransformation im Bereich der Signal- und Bildverarbeitung liefern BERGH ET AL. [9] und SCHUCHMANN [96]. Des Weiteren liefern FISCHER ET AL. [30] und MEYWERK ET AL. [69] interessante Anwendungsbeispiele für Untersuchungen im Fahrzeugbereich.

2.2.1 Grundlagen der Fouriertransformation

Mithilfe der Fouriertransformation kann für ein Signal bestimmt werden, aus welchen Frequenzanteilen sich das Signal zusammensetzt und wie groß die Energieanteile der einzelnen Frequenzen sind. Meist werden zeitabhängige Signale untersucht, da diese Informationen aus der Darstellung im Zeitbereich nicht immer zu gewinnen sind. Die Fouriertransformation ist eine Integraltransformation, die durch

$$F(\omega) := \frac{1}{\sqrt{2\pi}} \int_{-\infty}^{\infty} f(t)\, e^{-j\omega t} dt \qquad (2.8)$$

definiert ist. Folglich wird dadurch einer nichtperiodischen und zeitabhängigen Funktion $f(t)$ über den gesamten Zeitbereich eine Funktion $F(\omega)$ der reellen Variable ω zugeordnet. In der Literatur wird $F(\omega)$ als Fouriertransformierte oder Spektralfunktion bezeichnet. Zur Berechnung des uneigentlichen Integrals auf der rechten Seite der Formel (2.8) muss $f(t)$ absolut integrierbar sein (siehe BLATTER [12]).

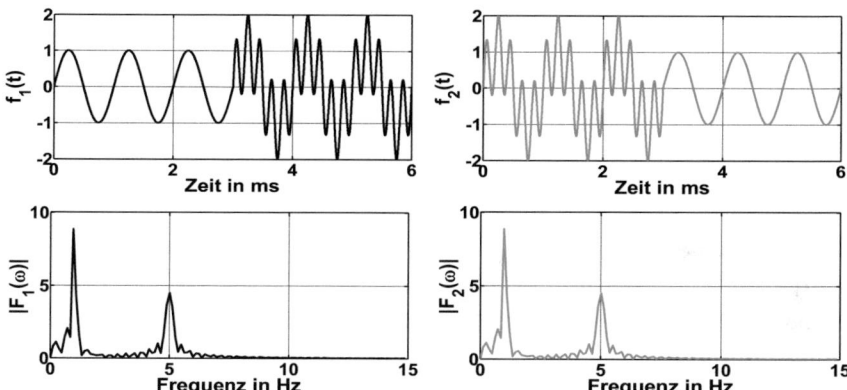

Bild 2.14: *Zwei Zeitsignale bestehend aus zwei überlagerten Sinusschwingungen und die zugehörigen Fouriertransformierten*

In Bild 2.14 sind beispielhaft zwei sinusförmige Zeitsignale über eine Dauer von 6 s und deren Fouriertransformierte dargestellt. Beide Zeitsignale sind außerhalb der dargestellten Fensterausschnitte Null und besitzen eine Grundfrequenz von 1 Hz. Beim links dargestellten Zeitsignal wird die Grundfrequenz in den letzten 3 s mit einem 5 Hz-Signal überlagert. Im Unterschied dazu besteht das rechts abgebildete Zeitsignal in den ersten 3 s aus der Grundfrequenz und dem überlagerten 5 Hz Signal, das jedoch in den letzten 3 s wegfällt. Aus den darunter abgebildeten betragsmäßigen Fouriertransformierten kann man ablesen, dass beide Zeitsignale tatsächlich Frequenzanteile von 1 Hz und 5 Hz enthalten. Anhand der doppelt so großen Amplitude bei 1 Hz ist auch zu erkennen, dass der Anteil der Grundfrequenz im gesamten Zeitsignal in beiden Fällen doppelt so groß ist. Aufgrund der identischen Fouriertransformierten beider Zeitsignale gehen die Informationen über den zeitlichen Verlauf der beiden Zeitsignale jedoch gänzlich verloren. Dadurch kann aus der Fouriertransformation unter keinen Umständen das ursprüngliche Zeitsignal eindeutig rekonstruiert werden. Dies ist ein wesentlicher Nachteil der Fouriertransformation.

Zur abschließenden Bewertung der Fouriertransformation lässt sich sagen, dass sich das Verfahren hervorragend eignet, wenn man lediglich an den Frequenzen und deren Anteil interessiert ist, aus denen sich das zu untersuchende Zeitsignal zusammensetzt. Eine Lokalisierung der einzelnen Frequenzen im Zeitbereich ist jedoch nicht möglich. Folglich können Frequenzsprünge oder andere lokale Signaländerungen nicht durch die Fouriertransformation erfasst werden. Die Auswirkungen jedes lokalen Ereignisses im Zeitsignal bewirkt darüber hinaus eine globale Änderung der Fouriertransformation.

2.2.2 Grundlagen der gefensterten Fouriertransformation

Eine Weiterentwicklung der Fouriertransformation führte zur gefensterten Fouriertransformation, die im Folgenden aufgrund der englischen Bezeichnung *Windowed Fourier Transformation* mit WFT abgekürzt wird. Mithilfe der WFT ist es möglich, eine Frequenzanalyse für verschiedene Zeitbereiche durchzuführen. Somit kann in gewissen Grenzen eine zeitabhängige Darstellung der Frequenzanteile erreicht werden (siehe BÄNI [5]). Dazu wird das Zeitsignal in einem Zeitfenster mit konstanter Breite untersucht. Zudem wird das Zeitfenster translatiert, d.h. auf der Zeitachse verschoben. Mathematisch ist die WFT durch

$$(Gf)(\alpha, s) := \frac{1}{\sqrt{2\pi}} \int_{-\infty}^{\infty} f(t) \cdot g(t-s) e^{j\alpha t} dt \qquad (2.9)$$

beschrieben. Die Verschiebung der Fensterfunktion g(t − s) erfolgt durch den Translationsparameter s. Veranschaulicht gibt die Transformierte $(Gf)(\alpha, s)$ an, mit welcher komplexen Amplitude eine Frequenz im gerade betrachteten Zeitfenster im untersuchten Zeitsignal enthalten ist. Ist der Anteil der Frequenz α im Zeitsignal $f(t)$ groß, so spiegelt sich dies in einem betragsmäßig großen $(Gf)(\alpha, s)$ wider (siehe BLATTER [12]). Häufig verwendete Fensterfunktionen sind Rechteck-, Dreieck- und Glockenfunktionen.

2.2 Ursprung und Grundlagen der Wavelettransformation

Die Wiedergabegüte der verschiedenen Frequenzanteile im untersuchten Zeitsignal wird durch die Fensterbreite festgelegt. Daher ist in der konstanten Fensterbreite ein wesentlicher Nachteil der WFT begründet. Der Einfluss der Fensterbreitenwahl wird in Bild 2.15 verdeutlicht. Im oberen Bildbereich ist das untersuchte Zeitsignal dargestellt, das im Wesentlichen aus zwei überlagerten Sinusschwingungen mit 2 bzw. 10 Hz besteht. Als Besonderheit kommt es für $t_1 = 1$ s und $t_2 = 1{,}1$ s zu zwei großen Störimpulsen. Im unteren Bereich des Bildes sind die Ergebnisse zweier WFT gezeigt, die beide eine glockenförmige Gabor-Funktion als Fensterfunktion verwenden und sich lediglich durch die Wahl der Fensterbreite g voneinander unterscheiden. In der linken Darstellung der beiden WFT-Ergebnisse beträgt die Fensterbreite $g_1 = 0{,}2$ s. Vorteilhaft ist hier die gute Abbildung der beiden Frequenzen von 2 und 10 Hz. Allerdings wirkt sich die hohe Frequenzauflösung nachteilig auf die Zeitauflösung aus, was zu einer verschmierten Zeitdarstellung führt. Somit können die Zeitpunkte der beiden Störimpulse zu den Zeiten t_1 und t_2 bestenfalls erahnt werden. Ein gedrehtes Resultat zeigt das rechte Teilbild, bei dem mit $g_2 = 0{,}02$ s eine deutlich kleinere Fensterbreite gewählt wurde. In diesem Fall können die beiden Störimpulse im Zeitsignal sehr genau lokalisiert werden. Dagegen sind die beiden Frequenzanteile nun stark verschmiert und schlecht abzuschätzen.

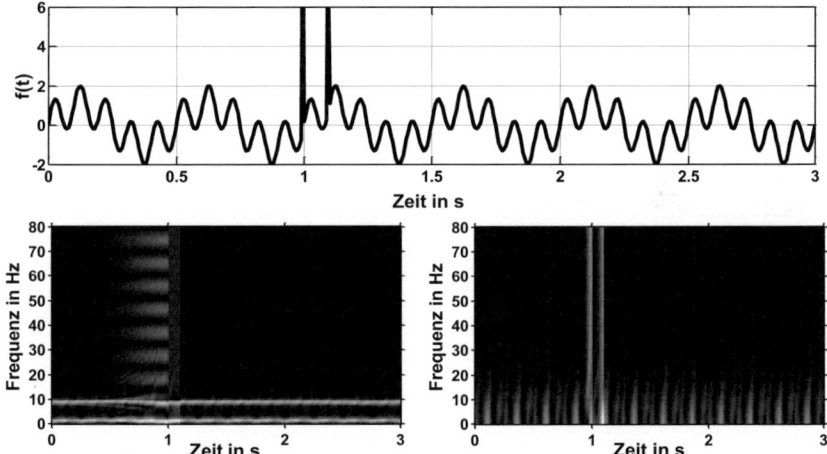

Bild 2.15: Gefensterte Fouriertransformationen eines Zeitsignals mit einer großen Fensterbreite (links) und einer kleinen Fensterbreite (rechts)

Zusammenfassend lässt sich für die WFT festhalten, dass für ein kleines Fenster eine sehr gute Zeitauflösung möglich ist und ein großes Fenster eine gute Frequenzauflösung ermöglicht. Aus diesem Umstand geht hervor, dass ein

Signal nicht gleichzeitig beliebig genau im Zeit- und Frequenzbereich abgebildet werden kann. Dieser Sachstand hat Ähnlichkeit mit der Heisenbergschen Unschärferelation, allerdings sind Verbesserungen im Vergleich zur WFT möglich. Ursprünglich auf Vorgänge in der Quantenmechanik bezogen, stellte HEISENBERG fest, dass sowohl Ort als auch Impuls für ein Teilchen nicht mit beliebig hoher Wahrscheinlichkeit vorhergesagt werden kann (siehe LOUIS ET AL. [64]). Diese Erkenntnis ist auf die gleichzeitige Auflösung nach Zeit und Frequenz übertragbar.

2.2.3 Grundlagen der Wavelettransformation

Die kontinuierliche Wavelettransformation, im Folgenden aufgrund des englischen Namens *Continuous Wavelet Tranformation* mit CWT abgekürzt, überführt ebenfalls ein Zeitsignal in den Frequenzraum unter Beibehaltung der Zeitinformationen. Somit ähnelt die Darstellungsform des Ergebnisses einer CWT der Ergebnisdarstellung einer WFT. Gegenüber der WFT besitzt die CWT jedoch einige Vorteile, auf die im Folgenden eingegangen wird.

Im Gegensatz zur WFT erfolgt die Untersuchung des Zeitsignals bei der CWT nicht mit einem Fenster, sondern mithilfe des Wavelets ψ und ist durch

$$\left(L_\psi f\right)(a,b) := |a|^{-\frac{1}{2}} \int_{-\infty}^{\infty} f(t) \cdot \psi\left(\frac{t-b}{a}\right) dt \qquad (2.10)$$

definiert (siehe BÄNI [5]). Es werden durch die Untersuchung des Zeitsignals f(t) mit dem veränderlichen Wavelet ψ genau L^2-Skalarprodukte gebildet (siehe LOUIS ET AL. [64]).

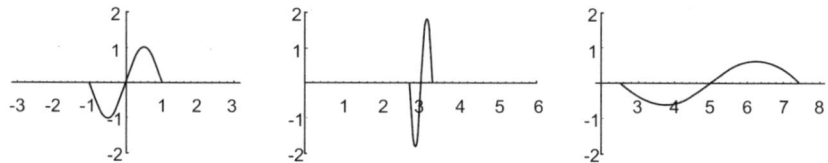

Bild 2.16: Dilatation und Translation eines Wavelets aus BÄNI [5]

Das ursprüngliche Wavelet wird als Mutter-Wavelet bezeichnet und kann, ebenso wie das untersuchende Fenster bei der WFT, durch den Translationsparameter b zeitlich verschoben werden. Durch den zusätzlichen Parameter a, der als Dilatationsparameter bezeichnet wird, kann das Wavelet darüber hinaus gestaucht oder gestreckt werden. Ein Parameter $a < 1$ hat eine Stauchung und $a > 1$ eine Streckung des Wavelets zur Folge (siehe Bild 2.16). Translatierte und/oder dilatierte Wavelets werden in Anlehnung an das Mutter-Wavelet auch Tochter-Wavelets genannt.

Aufgrund der Vielzahl an untersuchenden Wavelets kann mit der CWT gleichzeitig eine bessere Auflösung der Zeit und der Frequenz erreicht werden. Wie auch bei der WFT können die berechneten Koeffizienten $(L_\psi f)$ als Korrelationsmaß für den Gehalt des jeweiligen Wavelets im Zeitsignal interpretiert werden.

Der Dilatationsparameter führt zu einer skalenabhängigen Phasenraumdarstellung, wobei die Skalen reziprok zu den Frequenzen sind (siehe Bild 2.17). Höherwerdende Frequenzen können dadurch mit der CWT zeitlich besser lokalisiert werden. Im Gegenzug können dafür tieferwerdende Frequenzen genauer bestimmt werden. Als Vergleich wird im rechten Teilbild die frequenzunabhängige Phasenraumdarstellung der WFT gezeigt.

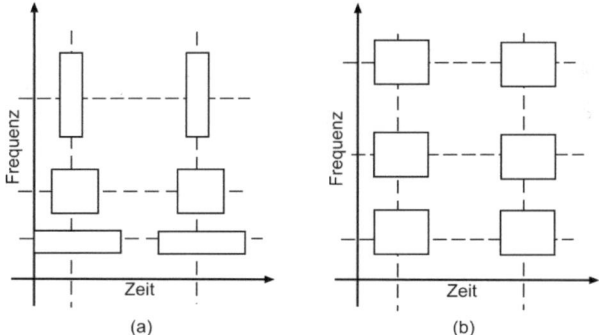

Bild 2.17: *Phasenraumdarstellung der Wavelettransformation (a) und der gefensterten Fouriertransformation (b) nach* ABBATE ET AL. *[1]*

Wie bereits angesprochen verhalten sich die Skalen, die durch die Stauchung und Streckung der Wavelets gelenkt werden, reziprok zu den Frequenzen. Dies geht aus Formel (2.10) hervor, da der Dilatationsparameter a die gleiche Einheit haben muss wie das Argument der Eingangsfunktion. Folglich hat a bei zeitabhängigen Signalen ebenfalls die Einheit einer Zeit. Aus dieser Abhängigkeit kann eine Pseudofrequenz $\hat{f}$ durch

$$\hat{f} = \frac{k}{a} \qquad (2.11)$$

berechnet werden. Hierbei ist k eine dimensionslose Konstante, die sowohl vom eingesetzten Wavelet als auch von der Signalabtastrate abhängt.

Die Bezeichnung Wavelet soll vermitteln, dass es sich um Wellchen, also kleine Wellen, handelt. Aufgrund der ursprünglichen Überlegungen, die von den oben genannten französischen Wissenschaftlern angestellt wurden, geht diese Übersetzung auf den französischen Begriff von *ondelette* zurück (siehe Bäni [5]). Begründet ist die Bezeichnung durch die enge zeitliche Ausdehnung und das Oszillieren eines Wellchens um den Nullpunkt. Dies ist ein wesentlicher Unterschied zu einer richtigen Welle, die sich bis ins Unendliche fortsetzt (siehe ABBATE ET AL. [1]). Neben der zeitlich engen Ausbreitung müssen Wavelets weitere Eigenschaften besitzen. Zwei wesentliche Voraussetzungen für ein Wavelet sind

$$\|\psi\|^2 = \int_{\mathbb{R}} \psi\bar{\psi}dt = 1 \text{ und} \qquad (2.12)$$

$$0 < c_\psi := 2\pi \int_{\mathbb{R}} \frac{|\hat{\psi}(\omega)|^2}{|\omega|} d\omega < \infty, \qquad (2.13)$$

wobei $\hat{\psi}(\omega)$ die Fouriertransformierte des Wavelets ψ und ψ ein Element von $L^2(\mathbb{R})$ ist (siehe LOUIS ET AL. [64]). Die zentrale Bedingung eines Wavelets ist durch (2.13) vorgegeben. Dadurch wird die sogenannte Auslöschungseigenschaft eines Wavelets geprüft, die anschaulich besagt, dass der Mittelwert des Wavelets ψ Null ist, also sich das Integral von $\psi(t)dt$ zu Null ergibt. Des Weiteren ergibt sich auch die Fouriertransformierte des Wavelets an der Stelle 0 zu $\hat{\psi}(0) = 0$ und verschwindet somit (siehe BERGH ET AL. [9]). Folglich ist ein Wavelet eine um die x-Achse oszillierende Kurve.

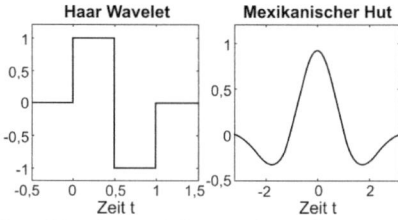

Bild 2.18: Verlauf des Haar-Wavelets und des Mexikanischen Huts nach BLATTER [12]

Aufgrund der geringen notwendigen Anforderungen an ein Wavelet gibt es sehr viele verschiedene Wavelets. Ein großer Teil davon kann durch explizite Formeln beschrieben werden, andere können jedoch auch nur durch rekursive Funktionsvorschriften abgebildet werden. Zwei sehr bekannte Wavelets, die beide explizit beschrieben werden können, sind in Bild 2.18 dargestellt. Es

2.2 Ursprung und Grundlagen der Wavelettransformation

handelt sich dabei links um das Haar-Wavelet, welches das einfachste, jedoch nicht sehr zweckmäßige Wavelet für Zeitbetrachtungen ist. Des Weiteren ist rechts der Mexikanische Hut abgebildet. Es gibt noch viele weitere Wavelet-Klassen, die hier nicht näher betrachtet werden. Eine umfangreiche Übersicht hierzu liefert BLATTER [12].

Aufgrund der guten Ergebnisse in verschiedenen Vorbetrachtungen wird ausschließlich das Wavelet vierter Ordnung ($n = 4$) der Familie der komplexen Gauß-Wavelets $\psi_{cgau,n}$ zur Untersuchung der Zeitsignale in dieser Arbeit verwendet. Dieses wird durch

$$\psi_{cgau,n}(x) = c_n \frac{d^n}{dx^n} e^{-(x^2 + jx)} \tag{2.14}$$

beschrieben, wobei j die imaginäre Einheit ist. Die Konstante c_n ist für alle Gauß-Wavelets so anzupassen, dass $\|\psi_n(x)\|^2 = 1$ gilt. In Bild 2.19 sind sowohl Real- und Imaginärteil als auch Betrag und Phase des verwendeten Gauß-Wavelets vierter Ordnung abgebildet.

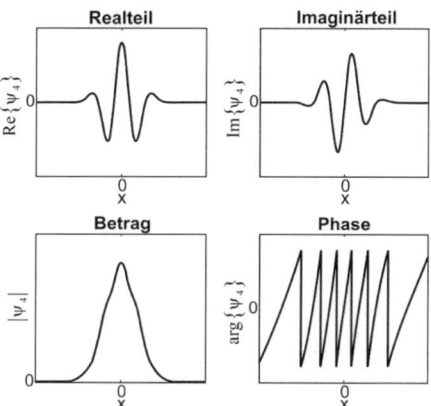

Bild 2.19: *Darstellung von Real- und Imaginärteil sowie Betrag und Phase des vierten Gauß-Wavelets aus* FISCHER *[30]*

Zuletzt wird auf die Abbildungsfähigkeit der CWT von Zeit und Frequenz während einer Transformation eingegangen. Wie die WFT unterliegt auch die CWT der Heisenbergschen Unschärfetheorie. Folglich ist eine gleichzeitige beliebig genaue Auflösung von Zeit und Frequenz nicht möglich. Es sei auch angemerkt, dass es Transformationen gibt, die für bestimmte Sonderfälle bessere Ergebnisse liefern als die CWT (siehe ABBATE ET AL. [1]). Wie bereits erläutert wurde, ist die Zeit-Frequenz-Unschärfe bei der CWT im Gegensatz zur WFT nicht über den gesamten Frequenzbereich konstant, sondern von der betrachteten Skala abhängig. Die Auswirkungen dieser Eigenschaft kann einer beispielhaften Untersuchung aus Bild 2.20 entnommen werden. Zudem sei zum besseren Verständnis noch einmal auf Formel (2.11) hingewiesen, mit welcher ein Zusammenhang zwischen Pseudofrequenz und Skala beschrieben wird.

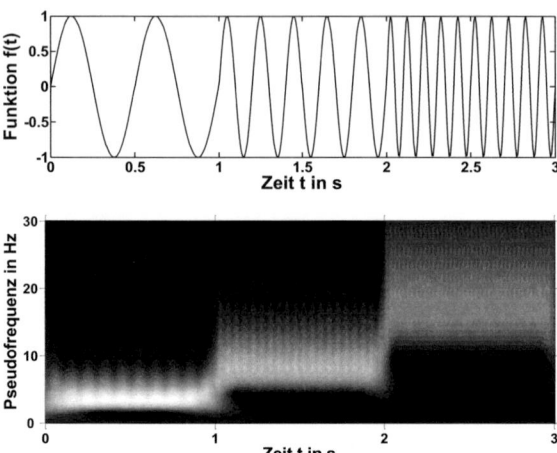

Bild 2.20: *Zeitverlauf und Wavelettransformierte einer Sinusschwingung mit zwei Frequenzsprüngen nach FISCHER [30]*

Als anschauliches Beispiel wird ein sinusförmiges Zeitsignal mit zwei Frequenzsprüngen und drei Frequenzen wavelettransformiert und das Ergebnis als Intensitätsbild gezeigt. Zu Beginn schwingt das Signal mit einer Frequenz von 5 Hz und es folgt ein Frequenzsprung auf 10 Hz nach einer Sekunde. Die Frequenz von 10 Hz wird bis zum nächsten Frequenzsprung, der nach einer weiteren Sekunde stattfindet, gehalten und springt dann auf 20 Hz. Zuletzt wird auch die Schwingung mit 20 Hz für eine Sekunde gehalten. Aus dem Intensitätsbild der CWT ist zu erkennen, dass große Skalen also niedrige Frequenzen schärfer abgebildet werden als hohe Frequenzen. Genau umgekehrt verhält es sich mit der Zeitauflösung, die für niedrige Skalen und somit hohe Frequenzen besser ist. Besonders gut ist dies zu erkennen, wenn man die Abbildung der beiden Frequenzsprünge miteinander vergleicht. Der erste Frequenzsprung ist im Bereich von 5 Hz stark entlang der Zeitachse verschmiert und überdeckt sich sogar mit der Darstellung des 10 Hz-Signals. Deutlich besser ist die Abbildung des zweiten Frequenzsprungs, bei dem es zu einer erheblich geringeren Verschmierung und somit Überschneidung kommt.

Zusammenfassend kann festgehalten werden, dass mit der CWT eine Möglichkeit besteht, sich stets zwischen den beiden extremen Darstellungen des Zeit-Frequenz-Bereichs zu bewegen. Dies ist auf der einen Seite das Zeitsignal mit einer bestmöglichen Zeitauflösung unter Verlust aller Frequenzinformationen und auf der anderen Seite die Fouriertransformation als bestmögliche Frequenzdarstellung ohne jegliche Zeitinformationen. Zudem ist eine bessere Darstellung von Zeit- und Frequenzinformationen zur gleichen Zeit möglich.

2.3 Grundlagen der künstlichen neuronalen Netze

Die Ergebnisse der wavelettransformierten Signale aus den Simulationen werden als Eingangsmuster für künstliche neuronale Netze (KNN) genutzt. Mithilfe der KNN können aus diesen Eingangsmustern verschiedene Unfallparameter abgeschätzt werden, die der Klassifizierung des Unfallszenarios dienen. Somit stellen KNN einen wesentlichen Bestandteil der erarbeiteten Methode dar.

Die Arbeitsweise der KNN ist an die der biologischen neuronalen Netze angelehnt, wenngleich zu sagen ist, dass dies auf einem deutlich niedrigeren Level geschieht. Daher wird in Unterabschnitt 2.3.1 die Funktionsweise der als Vorbild dienenden biologischen neuronalen Netze erläutert. Darauf aufbauend erfolgt in Unterabschnitt 2.3.2 zunächst ein Überblick zur historischen Entwicklung der künstlichen neuronalen Netze. Anschließend wird im dritten Unterabschnitt die Arbeitsweise von Feed-Forward-Netzen dargelegt. Feed-Forward-Netze sind die populärste und am weitesten verbreitete Klasse der KNN und werden innerhalb dieser Arbeit zur Klassifizierung der Unfallszenarien eingesetzt. Das notwendige Training für diese Klasse der KNN ist Bestandteil des Unterabschnitts 2.3.4. Abschließend wird in Unterabschnitt 2.3.5 auf die Fähigkeiten der Selbstorganisierenden Karten nach KOHONEN eingegangen, die zur Überprüfung der Ergebnisstabilität genutzt werden.

2.3.1 Biologische neuronale Netze als Vorbild

Um eine möglichst gute Nachempfindung der Arbeitsweise von biologischen neuronalen Netzen zu erhalten, ist ein Blick auf deren Funktionsprinzip empfehlenswert. Als Folge der außerordentlichen Komplexität der biologischen Netze sei bereits an dieser Stelle darauf hingewiesen, dass selbst modernste KNN noch weit von den Fähigkeiten biologischer Netzwerke entfernt sind. Selbst die folgenden Erläuterungen zu biologischen neuronalen Netzen gehen nicht bis ins letzte Detail. Im Wesentlichen orientieren sich die folgenden Ausführungen an den Werken von NAUCK ET AL. [75], RITTER ET AL. [89] und ZELL [113].

Das erstaunlichste neuronale Netz ist das menschliche Gehirn, das nach den meisten Schätzungen aus 100 Milliarden, also 10^{11}, Nervenzellen besteht. Zu dieser unglaublich großen Anzahl an Nervenzellen kommt hinzu, dass jede Nervenzelle im Mittel mit etwa 5000 anderen Nervenzellen verbunden ist und Informationen austauscht. Somit handelt es sich beim menschlichen Gehirn um ein verbundenes Netzwerk von unvorstellbarem Ausmaß (siehe ZELL [113]).

Die Nervenzellen werden als Neuronen bezeichnet. Die überwiegende Anzahl an Neuronen im menschlichen Gehirn besitzt viele Dendriten, einen Zellkörper mit Zellkern und ein Axon (siehe Bild 2.21). Aufgrund des gerade beschriebenen Aufbaus weichen Nervenzellen stark von anderen Zellen ab. Zudem sind Nervenzellen nach Abschluss der Embryonalentwicklung nicht in der Lage, sich weiter zu teilen (siehe NAUCK ET AL. [75] und ZELL [113]).

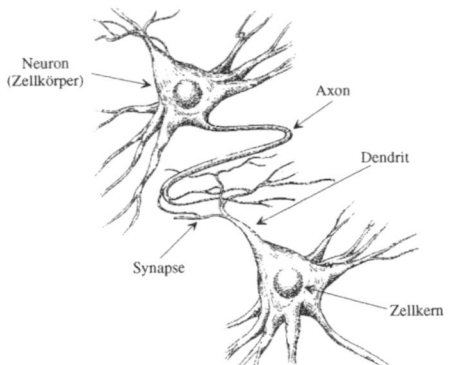

Bild 2.21: Zwei verbundene Neuronen eines biologischen neuronalen Netzes aus NAUCK ET AL. [75]

Die Dendriten erfahren aufgrund der Ausgangsinformationen vorgeschalteter Neuronen eine Potentialänderung und leiten diese weiter zum Zellkern. Im Zellkern erfolgt die Verarbeitung der aufsummierten Eingangssignale. Nach Überschreitung einer Erregungsschwelle, die bei etwa -70 mV bis -50 mV liegt, erfolgt eine Signalausgabe des Neurons. Diese Signalausgabe erfolgt über das Axon und wird so an nachgeschaltete Neuronen weitergeleitet. Im Gegensatz zu den Dendriten, die im Allgemeinen nur wenige Millimeter lang sind, reicht die Länge des Axons von einigen Millimetern bis hin zu etwa einem Meter. Des Weiteren verästelt das Axon meist erst im Zielgebiet und bildet an diesen Verästelungsenden kleine Verdickungen aus (siehe NAUCK ET AL. [75]).

Die Verdickungen an den Verästelungsenden werden Synapsen genannt und sind für die Informationsübertragung von den Axonen zu den Dendriten notwendig. In den Kammern der Synapsen befinden sich chemische Botenstoffe, die als Neurotransmitter bezeichnet und zur Signalübertragung in den synaptischen Spalt ausgesandt werden. Dieser Vorgang ist schematisch in Bild 2.22 dargestellt.

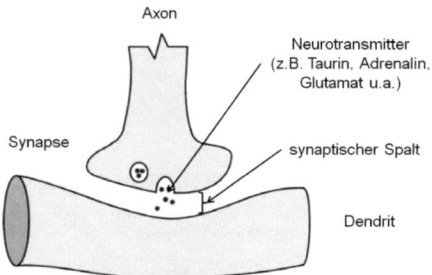

Bild 2.22: *Verbindung zwischen biologischen Neuronen über den synaptischen Spalt*[1]

Die Ausprägung des Informationsflusses von einem Neuron zum nächsten Neuron wird durch den Neurotransmitter beeinflusst, wobei es sowohl erregende (exzitatorische) als auch hemmende (inhibitorische) Neurotransmitter gibt. Darüber hinaus ist die Stärke des Informationsflusses durch äußere Reize und Einflüsse veränderbar. Erst aufgrund dessen ist das Gehirn lernfähig und kann neben strukturierten Aufgaben auch unstrukturierte Aufgaben lösen. Unstrukturierte Aufgabenstellungen sind beispielsweise auditive oder visuelle Mustererkennungen, die durch das mehrmalige Präsentieren von Beispielen einen Aktivierungsprozess im Gehirn bewirken. Dies führt zur Bildung von Musterklassen zu denen spätere Beispiele zugeordnet werden können, auch wenn nur Teile eines Musters vorliegen (siehe JOOST [49]).

Die zuvor beschriebene Funktionsweise biologischer neuronaler Netze ist das Vorbild der Feed-Forward-Netze, die später näher betrachtet und zur Klassifizierung der Unfallszenarien in dieser Arbeit eingesetzt werden. Zur Überprüfung der Stabilität der späteren Eingabemustermenge werden jedoch Selbstorganisierende Karten verwendet, die im Folgenden aufgrund der englischen Bezeichnung *Self-Organizing Maps* als SOM abgekürzt werden. SOM basieren weniger auf der Funktionsweise, sondern vielmehr auf dem Aufbau des menschlichen Gehirns. Insbesondere der Aufbau der Hirnrinde, die auch als Neocortex bezeichnet wird, dient dieser Klasse der KNN als Vorbild (siehe KOHO-

---

[1] Diese Abbildung ist nach einer Vorlage erstellt worden, die sich im Skript zur Vorlesung *Methoden der Künstlichen Intelligenz II* aus dem Jahr 2008 von Prof. Dr.-Ing. K. Krüger der Helmut-Schmidt-Universität befindet.

NEN [56]). Die Hirnrinde ist der jüngste und zugleich am größten ausgebildete Bereich des Gehirns. Zudem ist die Hirnrinde das Zentrum der Intelligenz des Menschen (siehe RITTER ET AL. [89]). Alle Neuronen, die zur Ausführung der unterschiedlichen Fähigkeiten des Menschen notwendig sind, liegen räumlich dicht beieinander auf der Hirnrinde. Daher kann die Hirnrinde in verschiedene Bereiche aufgeteilt werden, die in Bild 2.23 dargestellt sind. Bezeichnet werden diese Bereiche als Rindenfelder oder Kortizes.

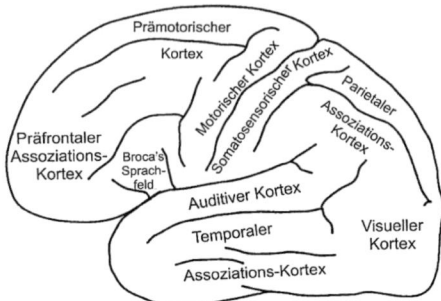

Bild 2.23: *Rindenfelder in der linken Gehirnhemisphäre des Menschen nach RITTER ET AL. [89]*

Jedes Rindenfeld nimmt eine spezielle Aufgabe wahr und wird über die zugehörigen Sinneszellen angesprochen. Beispielsweise wird der visuelle Kortex durch Reize aktiviert, die über die Rezeptoren der Netzhaut im Auge empfangen werden. Andererseits führen Reize, die über die Haut und somit über den Tastsinn erfolgen, zur Aktivierung des somatosensorischen Kortex. Neben der verhältnismäßig groben Einteilung der Neocortex in Rindenfelder ist eine weitere Unterteilung innerhalb der Rindenfelder möglich. So gibt es beispielsweise im visuellen Kortex kleine Bereiche, die sich auf die Orientierung in Karten, auf Farbtöne oder auf Geschwindigkeitsabschätzungen spezialisiert haben (siehe RITTER ET AL. [89]). Des Weiteren ist die Aufteilung des somatosensorischen Kortex bemerkenswert, da hier benachbarte Körperregionen durch benachbarte Neuronen im Rindenfeld abgebildet werden. Ein Auszug des somatosensorischen Rindenfelds des Menschen ist in Bild 2.24 dargestellt. Folglich entsteht eine Abbildung der Sinnesoberfläche unter Beibehaltung der topologischen Anordnung der Körperteile. Zudem ist an der Größe des Rindenfeldbereichs die Tastempfindlichkeit des einzelnen Körperteils zu erkennen. So ist beispielsweise dem dargestellten Rindenfeld gut zu entnehmen, dass beim Menschen vor allem die Hände und das Gesicht empfindlich auf Tastreize reagieren. Ähnliche Beobachtungen sind auch in anderen sensorischen Rindenfeldern zu machen.

Die klar voneinander zu trennenden sensorischen Rindenfelder beanspruchen lediglich 10 % der zur Verfügung stehenden Neuronen. Der wesentlich größere Teil der Neuronen wird von den assoziativen Rindenfeldern genutzt, die dazu dienen, Informationen mehrerer Sinnesreize miteinander zu verbinden. Über die assoziativen Rindenfelder ist aufgrund der erheblich höheren Komplexität bisher deutlich weniger bekannt (siehe KOHONEN [56]). Insgesamt weiß man bis heute von etwa 80 Rindenfeldern (siehe RITTER ET AL. [89]).

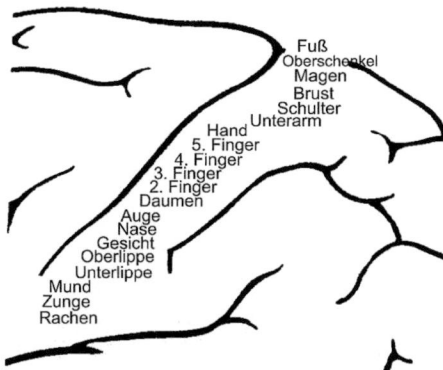

Bild 2.24: *Topologie des somatosensorischen Kortex des Menschen nach KOHONEN [56]*

2.3.2 Historische Entwicklung der künstlichen neuronalen Netze

Die historische Entwicklung der KNN kann in vier Zeitabschnitte unterteilt werden, die im Folgenden kurz dargestellt werden. Die Anfänge der KNN fallen, wie auch die der FEM, zeitlich mit der bereits erwähnten Entwicklung der ersten Digitalrechner in den 1940er Jahren zusammen. Als Startschuss wird in der Literatur meist eine gemeinsame Arbeit des Neurobiologen MCCULLOCH und des Logikers PITTS [67] aus dem Jahre 1943 genannt, in der ein Neuronenmodell beschrieben wurde (siehe RITTER ET AL. [89]). Nach heutigem Stand war das Netz, das aus MCCULLOCH-PITTS-Neuronen bestand, sehr einfach. Trotz dieser Einfachheit konnte gezeigt werden, dass mit diesem Netz jede zahlenmäßige oder logische Funktion berechnet werden kann. Allerdings war anfänglich keine mathematische Anpassung des Netzes an die jeweilige Aufgabenstellung möglich. Dieser Umstand konnte erst durch die erste aufgestellte Lernregel des Psychologen HEBB [43] im Jahre 1949 beseitigt werden (siehe ZELL [113]).

Nach diesen ersten Überlegungen und Fortschritten folgte eine äußerst euphorische Phase. So konnte in der Arbeit des Informatikers und Psychologen ROSENBLATT [90] zusammen mit dem Kollegen WIGHTMAN im Jahre 1958 ein neuronales Netz vorgestellt werden, das als Perzeptron bezeichnet wird. Das Perzeptron konnte nach einem erfolgreichen Training einfache Ziffern auf einem Bildschirm mit 20 x 20 Pixeln erkennen und es schlossen sich in den folgenden Jahren viele Weiterentwicklungen an. Ein wesentlicher Fortschritt für den Lernprozess konnte 1960 durch WIDROW und HOFF [109] erzielt werden, die die WIDROW-HOFF-Regel aufstellten, die auch als Delta-Regel bekannt ist. Mit diesen Errungenschaften glaubte man intelligente Systeme bereits entdeckt zu haben (siehe ZELL [113]). Diese Annahme wurde durch MINSKY und PAPERT anhand simpler Aufgaben, beispielsweise dem Exklusiv-Oder-Problem, widerlegt und führte zu einem enormen Interesseneinbruch.

Der Beweis von MINSKY und PAPERT [71] läutete eine lethargische Phase ein, in der die künstlichen neuronalen Netze ein Schattendasein neben der rasanten Computerentwicklung führten. Es konnten zwar viele entscheidende Grundlagen für die spätere Wiederbelebung der KNN erzielt werden, diese fanden jedoch nur wenig Beachtung. Beispielhaft seien hier die Arbeit von KOHONEN [54] aus dem Jahre 1972 genannt, die erste Überlegungen für selbstorganisierende Karten vorstellte, und der bereits 1974 durch WERBOS [108] von der Harvard University entwickelte Backprogationalgorithmus (siehe NAUCK ET AL. [75] und ZELL [113]).

Insbesondere die Veröffentlichung von HOPFIELD [46] aus dem Jahre 1982 erweckte das Interesse an KNN wieder und eröffnete eine regelrechte Phase der Renaissance. HOPFIELD konnte in seiner Arbeit zeigen, dass eine große Anzahl der Modelle der KNN mittels binärer Neuronen dem Verhalten vieler wechselwirkender Elementarmagnete gleicht. Zudem lässt sich das Verhalten durch eine Energiefunktion mathematisch beschreiben (siehe RITTER ET AL. [89]). Im gleichen Jahr veröffentlichte KOHONEN [55] eine weitere Arbeit zu seinen selbstorganisierenden Karten, die auf dem Prinzip der Rindenfelder des menschlichen Gehirns aufbaut und auf eine Vielzahl von Informations-, Sortierungs- und Optimierungsproblemen angewendet werden kann. Ein weiterer Fortschritt gelang erneut HOPFIELD [45] im Jahre 1985 als er mithilfe der sogenannten HOPFIELD-Netze ebenfalls anspruchsvolle Optimierungsprobleme, wie beispielsweise Handlungsreisenden- und Platzierungsprobleme, lösen konnte. Von noch größerer Bedeutung war die erneute Vorstellung des Backpropagationalgorithmus, die im Jahre 1986 durch RUMELHART ET AL. [91] im Buch von RUMELHART UND MCCLELLAND [92] erfolgte. Dieser Algorithmus ist bis heute die Grundlage von vielen Trainingsalgorithmen für mehrschichtige

Feed-Forward-Netze, die wohl die populärste Ausprägung von KNN sind und auch in dieser Arbeit zur Anwendung kommen (siehe ZELL [113]). Somit kann spätestens ab 1986 von einem wahren Entwicklungsboom im Bereich der KNN gesprochen werden, der bis heute anhält. Dies wird eindrucksvoll durch die große Anzahl an wissenschaftlichen Zeitungen belegt, die sich hauptsächlich mit KNN beschäftigen.

2.3.3 Arbeitsweise der Feed-Forward-Netze

Feed-Forward-Netze sind die populärste Klasse der KNN und werden auch in dieser Arbeit angewendet. Die Arbeitsweise ist dem menschlichen Gehirn nachempfunden, jedoch sehr abstrakt und deutlich weniger komplex und wird im Folgenden näher erläutert. Für tieferführende Darstellungen wird auf ZELL [113], NAUCK ET AL. [75], KRATZER [62], RIGOLL [88] und BRAUSE [14] verwiesen. Gute Anwendungsbeispiele liefern PRACNY [82], AHREND [3] und NGUYEN [76], [77], [78].

Die Hauptbestandteile eines KNN werden ebenfalls als Neuronen bezeichnet, wobei diese jedoch im Vergleich zu biologischen Neuronen stark idealisiert sind. Eine Verbindung zweier gekoppelter künstlicher Neuronen ist in Bild 2.25 dargestellt. Jedes Neuron besitzt mehrere Dendriten, einen Zellkern und ein Axon, das sich ebenfalls verästeln kann. Diesen drei Komponenten werden die Aufgaben Informationseingabe, -verarbeitung und -ausgabe zugeordnet. Die Eigenschaft und Ausprägung des Neurotransmitters im synaptischen Spalt wird durch ein Verbindungsgewicht w_{ij}, d.h. einen numerischen Wert, abgebildet.

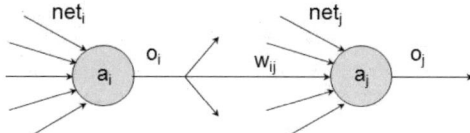

Bild 2.25: *Miteinander verbundene Neuronen eines KNN nach ZELL [113]*

Die einzelnen Bestandteile der künstlichen Neuronen werden mathematisch beschrieben und im Folgenden genauer erläutert. Jedes Neuron besitzt einen Aktivierungszustand, der durch

$$a_j(t+1) = f_{act}(net_j, \theta_j) \tag{2.15}$$

beschrieben wird. Die Aktivierungsfunktion f_{act} wird folglich in Abhängigkeit der aktuellen Netzeingabe $net_j(t)$ und des Schwellwerts θ_j ausgewertet und bestimmt damit die Aktivierung des Neurons $a_j(t+1)$. Der Schwellwert θ_j gibt dabei den Bereich des steilsten Anstiegs der Aktivierungsfunktion an, der demnach zugleich der empfindlichste Bereich ist. Im Anschluss wird die Ausgabe des Neurons o_j aufgrund der Aktivierung mithilfe der Ausgabefunktion f_{out} durch

$$o_j = f_{out}(a_j) \tag{2.16}$$

berechnet. Der ermittelte Ausgabewert des Neurons wird nun mit dem Verbindungsgewicht w_{ij}, das sich zwischen den beiden verbundenen Neuronen befindet, multipliziert. Hierbei ist die Reihenfolge der Indizes am Verbindungsgewicht w_{ij} zu beachten, da die gespiegelte Schreibweise (w_{ji}) ein Verbindungsgewicht in die andere Richtung beschreiben würde. Die Verbindungsgewichte aller Neuronen eines Netzwerks werden in der Verbindungsmatrix **W** zusammengefasst. Mithilfe der gewichteten Ausgabewerte wird durch Aufsummierung aller eingehenden Verbindungen für das nachgeschaltete Neuron j die Netzeingabe net_j nach

$$net_j(t) = \sum_i o_i(t) w_{ij} \tag{2.17}$$

berechnet. Durch diese drei Formeln ist der mathematische Zusammenhang zwischen zwei Neuronen eines neuronalen Netzes definiert. Unter Anwendung einer geeigneten Lernregel kann das KNN trainiert werden und ist anschließend in der Lage, für vorgegebene Eingaben gewünschte Ausgaben zu bestimmen. Dazu werden während des Lernvorgangs meist die Verbindungsgewichte und die Schwellwerte der Aktivierungsfunktionen aller Neuronen angepasst.

Vorwiegend handelt es sich bei den Lernverfahren um Optimierungsprobleme, deren Ziel eine möglichst geringe Abweichung zwischen Soll- und Ist-Ausgabe ist (siehe ZELL [113]). Der Lernprozess ist der interessanteste, aber zugleich auch anspruchsvollste Arbeitsschritt bei der Erstellung von KNN und wird daher vertiefend zu einem späteren Zeitpunkt vorgestellt.

Es wurde bereits angesprochen, dass die Aktivierung eines Neurons im besonderen Maße von der verwendeten Aktivierungsfunktion abhängt. Des Weiteren wird die Wahl der Aktivierungsfunktion durch das verwendete Lernverfahren beeinflusst. Für einige Verfahren muss die Aktivierungsfunktion beispielsweise stetig differenzierbar sein. In diesen Fällen werden meist sigmoide, also s-förmige, Funktionen wie die logistische Funktion (siehe Bild 2.26, unten links) oder der Tangens Hyperbolicus (siehe Bild 2.26, unten rechts) eingesetzt. Bei der Wahl anderer Lernverfahren sind aber auch lineare Funktionen, gegebenenfalls mit Sättigung, beispielsweise die Identität (siehe Bild 2.26, oben links), sowie binäre Sprungfunktionen (siehe Bild 2.26, oben rechts) üblich. Wie aus den Funktionsabbildungen zu entnehmen ist, erstreckt sich der Wertebereich der Aktivierungsfunktionen meist auf ein Intervall von $]-1;1[$ oder $]0;1[$.

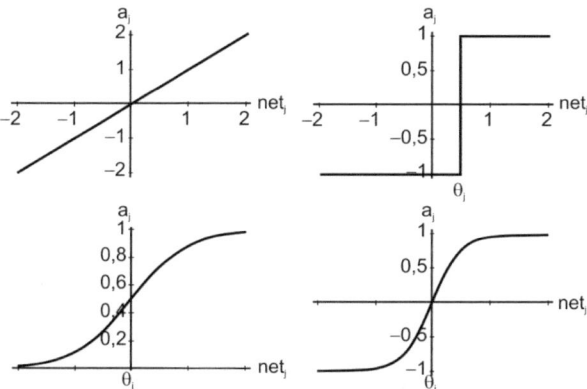

Bild 2.26: *Verschiedene Aktivierungsfunktionen nach* ZELL *[113]*

Die Ausgabefunktion dient in der Regel dazu, den eingeschränkten Bereich infolge der Aktivierungsfunktionen zu erweitern. Daher kommt häufig die bereits vorgestellte Identität zum Einsatz, die somit nach der Formel $o_i = a_i$ beschrieben wird.

Feed-Forward-Netze tragen ihren Namen aufgrund der ausschließlich vorwärtsgerichteten Verbindungen von Neuronen einer niedrigen Schicht zu Neuronen der folgenden Schicht. Dies unterscheidet diese Netze wesentlich von anderen populären Klassen, wie beispielsweise den HOPFIELD-Netzen oder den Selbstorganisierenden Karten von KOHONEN. HOPFIELD-Netze stellen zudem das extreme Gegenbeispiel zu Feed-Forward-Netzen dar, da es sich bei diesen Netzen um vollständig gekoppelte KNN handelt.

In Abhängigkeit der Position der Neuronen werden die Neuronen unterschiedlich bezeichnet. Neuronen der Eingabeschicht werden als Eingabeneuronen bezeichnet, da sie die äußeren Eingabewerte abbilden und ins Netz einleiten. Die letzte Schicht eines KNN ist die Ausgabeschicht und besteht folglich aus Ausgabeneuronen. Die Ausgabeneuronen repräsentieren die Ergebnisse des KNN und geben diese nach Außen bekannt. Alle Schichten, die sich zwischen Ein- und Ausgabeschicht befinden, werden als verdeckte Schichten bezeichnet, da man diese nicht sehen kann und ein direkter Zugriff somit nicht möglich ist. Es ist auch eine Bezeichnung als Zwischenschichten bekannt und dementsprechend werden die zugehörigen Neuronen verdeckte Neuronen oder Zwischenschichtneuronen genannt. Der Aufbau eines ebenenweise vollständig vernetzten Feed-Forward-Netzes mit einer verdeckten Schicht und somit insgesamt drei Schichten ist in Bild 2.27 gezeigt.[2]

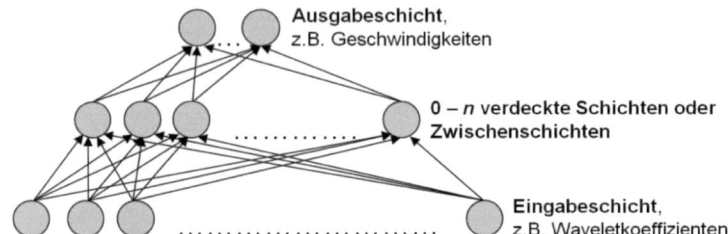

Bild 2.27: Aufbau eines Feed-Forward-Netzes mit drei Neuronen- und zwei Verbindungsgewichtsschichten

Es wurde bereits angesprochen, dass die Verbindungsgewichte zwischen den Neuronen in einer Verbindungsmatrix **W** zusammengefasst werden können. Ein positiver Wert gibt dabei eine anregende und ein negativer Wert eine hemmende Wirkung auf das folgende Neuron an. Zudem gibt der Wert 0 an, dass zwischen den beiden entsprechenden Neuronen keine Verbindung besteht. Demzufolge ist bei einem Feed-Forward-Netz die untere Dreieckmatrix inklusive der Hauptdiagonalen nicht besetzt (siehe Bild 2.28). Eine vollständige Übersicht aller möglichen Netzwerke mit den entsprechenden Verbindungen und den zugehörigen Verbindungsmatrizen kann ZELL [113] entnommen werden.

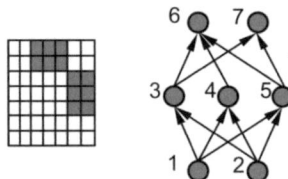

Bild 2.28: Verbindungsmatrix eines dreischichtigen Feed-Forward-Netzes aus ZELL [113]

---

[2] Die Zählweise der Schichten bei Feed-Forward-Netzen ist nicht eindeutig definiert. Häufig werden Ein- und Ausgabeschicht nicht mitgezählt, da diese unabdingbar sind. Daher wird in einigen Büchern das in Bild 2.27 gezeigte Netz auch als einschichtiges Netz bezeichnet, da es aus lediglich einer verdeckten Schicht besteht. In anderer Literatur wird ein solches Netz jedoch als zweischichtiges Netz bezeichnet, da zwei Schichten von anpassungsfähigen Verbindungsgewichten vorliegen. Im Rahmen dieser Arbeit wird stets die Anzahl aller Schichten angegeben, um eine eindeutige Bezeichnung zu gewährleisten. Folglich handelt es sich beim gezeigten Beispiel um ein dreischichtiges KNN.

Mithilfe des Schwellwerts θ kann für jedes Neuron der empfindlichste Bereich der Aktivierungsfunktion festgelegt werden. Im Vergleich zum biologischen Vorbild entspricht dieser Wert der oben beschriebenen Reizschwelle, nach deren Überschreitung das jeweilige Neuron ein Signal ausgibt. In den meisten Anwendungsprogrammen wird dieser Wert durch ein sogenanntes *on*-Neuron repräsentiert. Wie der Name des Neurons schon vermuten lässt, ist dieses dauerhaft aktiviert. Zudem besteht zu allen Neuronen des KNN eine Verbindung und die Erregungsschwelle wird über das entsprechende Verbindungsgewicht vom *on*-Neuron zum jeweiligen Neuron realisiert (siehe Bild 2.29).

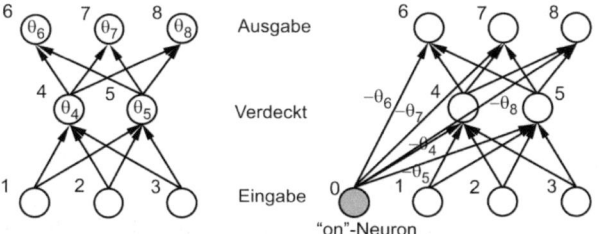

Bild 2.29: *Darstellung der Erregungsschwelle mithilfe eines on-Neurons nach* ZELL *[113]*

Den letzten wesentlichen Bereich bilden neben dem Verständnis und der späteren Anwendung neuronaler Netze die Lernverfahren. Aufgrund des großen Umfangs werden die Lernverfahren separat im folgenden Unterabschnitt 2.3.4 vorgestellt und erläutert.

2.3.4 Trainingsmöglichkeiten für künstliche neuronale Netze

Es ist bereits erwähnt worden, dass das Training eines neuronalen Netzes der interessanteste, aber auch anspruchsvollste Teil ist. Grundsätzlich können während des Lernens viele Eigenschaften der KNN angepasst werden. Dazu gehören die

- Schaffung oder Löschung von Verbindungen zwischen den Neuronen,
- die Variation der Neuronen- beziehungsweise der Schichtenanzahl,
- die Variation der Aktivierungs-, Propagierungs- oder Ausgabefunktionen und die
- Anpassung der Verbindungsgewichte.

In den häufigsten Fällen werden mithilfe der verschiedenen Lernverfahren die Verbindungsgewichte angepasst. Dies liegt auch darin begründet, dass die aktuellen Lernverfahren nur diese Anpassung automatisch durchführen können. Andere Anpassungen müssen zurzeit noch im Vorfeld manuell erledigt werden. Es wird jedoch erwartet, dass in Zukunft Lernverfahren zur Verfügung stehen, die sowohl die Verbindungsgewichte als auch die Topologie anpassen (siehe ZELL [113]). Generell wird zwischen den drei Lernverfahren des überwachten, des bestärkenden und des unüberwachten Lernens unterschieden. Diese drei Lernverfahren werden im Folgenden gegeneinander abgegrenzt und in Bezug zu biologischen neuronalen Netzen gesetzt.

Beim überwachten Lernen wird dem KNN bei jedem Lernschritt zu einem Eingangsmuster auch das entsprechende Ausgabeergebnis durch einen externen Lehrer gegeben. In jedem Trainingsschritt werden die Verbindungsgewichte anschließend angepasst und somit wird das Netz in die Lage versetzt, diese Zuordnung selbstständig vornehmen zu können (siehe Bild 2.30). Darüber hinaus ist es einem guten Netz nach erfolgreichem Training möglich, auch für unvollständige oder unbekannte Eingabemuster die gewünschte Ausgabe zu geben. Dazu müssen die Eingabemuster allerdings den Trainingsmustern ähneln. Diese Eigenschaft wird als Generalisierungsfähigkeit bezeichnet und zu einem späteren Zeitpunkt erneut aufgegriffen.

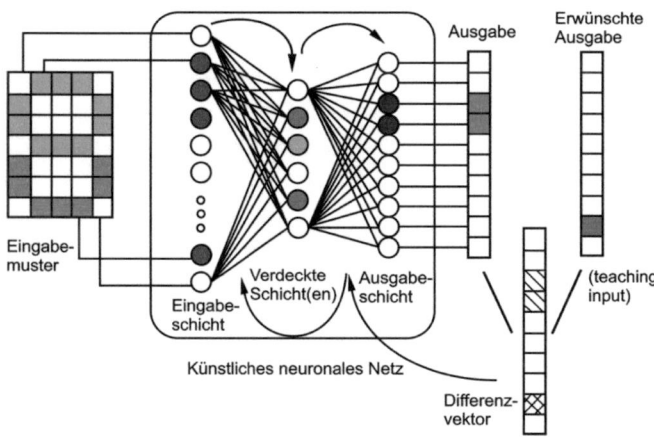

Bild 2.30: Prinzipskizze zum überwachten Lernen eines Feed-Forward-Netzes nach ZELL [113]

Das allgemeine Vorgehen beim überwachten Lernen ist in Bild 2.30 gezeigt und die einzelnen Verfahrensschritte nach ZELL [113] werden nachfolgend kurz erläutert:

1. Die Eingangsneuronen bilden durch ihre entsprechende Aktivierung jedes Eingabemuster ab.
2. Durch Vorwärtspropagierung dieser Eingabewerte durch das Netz wird ein Ausgabeergebnis erzeugt.

3. Durchführung eines Vergleichs zwischen dem Ist-Ergebnis und dem Soll-Ergebnis zur Bestimmung des Fehlervektors.
4. Mittels Rückwärtspropagierung werden von der Ausgabe- hin zur Eingabeschicht alle notwendigen Änderungen der Verbindungsgewichte mit dem Ziel der Verringerung des Fehlervektors berechnet.
5. Zuletzt erfolgt eine Anpassung aller Verbindungsgewichte des KNN um die zuvor berechneten Werte.

Beim bestärkenden Lernen wird dem Netz nach jedem Lernschritt vom Lehrer lediglich mitgeteilt, ob es sich um die richtige oder um eine falsche Zuordnung handelt. Es wird somit nicht gesagt, inwieweit ein eventuell falsches Ergebnis vom richtigen oder besten Ergebnis abweicht. Dieses Lernverfahren erfordert vom KNN daher, dass es die richtigen Ergebnisse selber findet. Aufgrund der geringeren Zielausrichtung ist dieses Verfahren deutlich langsamer als das überwachte Lernen, allerdings dem biologischen Vorbild deutlich ähnlicher. Zudem stimmt es mit menschlichen Erfahrungen aus Belohnungs- und Bestrafungserlebnissen überein (siehe ZELL [113]).

Beim unüberwachten Lernen wird auf einen externen Lehrer vollständig verzichtet. Das KNN soll vielmehr selbstständig ähnliche Eigenschaften in den Eingangsmustern erkennen und anschließend diese ähnlichen Muster in gemeinsame Kategorien einordnen. Dies wird durch die Aktivierung räumlich eng zusammenliegender Neuronen erreicht, die in der Regel ein-, zwei- oder dreidimensional angeordnet sind. Die bedeutendste Klasse der KNN, die dieses Lernverfahren anwendet, sind die Selbstorganisierenden Karten nach KOHONEN (siehe KOHONEN [56]). Mit SOM kann beispielsweise die Eingangsmustermenge hinsichtlich ihrer Differenzierbarkeit untersucht werden. Auch dieses Lernverfahren ist insbesondere bei großen Eingangsmustermengen und einer großen Anzahl an Neuronen sehr aufwendig und zudem nicht für alle Problemstellungen einzusetzen. Allerdings kommt dieses Verfahren dem biologischen Vorbild sehr nahe, da ähnliche Strukturen in den Rindenfeldern zu finden sind (siehe RITTER ET AL. [89]).

Auf alle KNN, die der Abschätzung von Unfallparametern in dieser Arbeit dienen und vorgestellt werden, wird das überwachte Lernverfahren angewandt. Daher wird im Folgenden speziell auf dieses Lernverfahren ausführlicher eingegangen.

Die bekannteste Lernregel für das überwachte Lernen ist der Backpropagationalgorithmus. Dieser bildet auch die Grundlage aller modernen Lernregeln und wird daher genauer beschrieben. Zudem wird auf die wesentlichen Lernregeln eingegangen, die zum Backpropagationalgorithmus führten. Tiefergehende Erkenntnisse, speziell zu den modernen Lernregeln, liefern neben den bereits mehrfach genannten Standardwerken auch JOOST [49] und BRAUN [13].

Die erste Lernregel wurde 1949 von HEBB vorgestellt und bildet somit die Grundlage vieler folgender Lernregeln. Die HEBBsche Lernregel besagt, dass eine Erhöhung des Verbindungsgewichts w_{ij} durchgeführt werden soll, wenn die beiden durch das Verbindungsgewicht w_{ij} verbundenen Neuronen gleichzeitig aktiviert sind. Mathematisch wird bei der HEBBschen Lernregel die erforderliche Gewichtsänderung Δw_{ij} des Verbindungsgewichts w_{ij} durch

$$\Delta w_{ij} = \eta o_i a_j \tag{2.18}$$

beschrieben, wobei o_i die Ausgabe des Vorgängerneurons i und a_j die Aktivierung des nachfolgenden Neurons j ist. Die Konstante η wird als Lernrate bezeichnet und gibt die Lernschrittweite an. Die HEBBsche Lernregel wird häufig in Anwendungsfällen verwendet, bei denen binäre Aktivierungsfunktionen eingesetzt werden. Allerdings sollten die genutzten Aktivierungsfunktionen einen Wertebereich von -1 bis 1 besitzen. Andernfalls wären lediglich positive Gewichtsänderungen möglich, was zu einem stetigen Anstieg der Verbindungsgewichte führt.

Eine erste Weiterentwicklung erfuhr die HEBBsche Lernregel durch WIDROW und HOFF im Jahre 1960. Neben der Bezeichnung als WIDROW-HOFF-Regel wird die Lernregel auch häufig als Delta-Regel bezeichnet (siehe RIGOLL [88]). Bei dieser Lernregel erfolgt die Gewichtsänderung in Abhängigkeit der Differenz zwischen dem erwarteten und dem tatsächlichen Ausgabewert. Mathematisch ist die Delta-Regel daher durch

$$\Delta w_{ij} = \eta o_i (t_j - a_j) = \eta o_i \delta_j \tag{2.19}$$

definiert. Die Delta-Regel kann nur auf KNN angewendet werden, die keine verdeckten Schichten besitzen und lineare Aktivierungsfunktionen verwenden. Sie stellt somit einen Sonderfall des Backpropagationalgorithmus dar (siehe ZELL [113]).

Eine Verallgemeinerung der Delta-Regel führt zum Backpropagationalgorithmus, der 1986 durch RUMELHART ET AL. veröffentlicht wurde und bis heute von großer Bedeutung für die Klasse der Feed-Forward-Netze ist. Der Backpropagationalgorithmus ist auf KNN mit beliebig vielen verdeckten Schichten anwendbar. Allerdings besteht beim Backpropagationalgorithmus die Anforderung an die Aktivierungsfunktion, dass diese stetig und stetig differenzierbar sein muss. Daher werden in KNN, die mithilfe des Backpropagationalgorithmus trainiert werden, sigmoide Aktivierungsfunktionen eingesetzt. Analog zur Delta-Regel erfolgt durch

$$\Delta w_{ij} = \eta o_i \delta_j \qquad (2.20)$$

die Berechnung der Verbindungsgewichtsänderung. Allerdings ist die Bestimmung der Differenz δ_j komplizierter und von den zu verbindenden Neuronen abhängig. Sie kann durch

$$\delta_j = \begin{cases} f_j'(net_j)(t_j - o_j) & \text{falls } j \text{ eine Ausgabezelle ist} \\ f_j'(net_j) \sum_k (\delta_k w_{jk}) & \text{falls } j \text{ eine verdeckte Zelle ist} \end{cases} \qquad (2.21)$$

berechnet werden und der Laufindex k alle Ausgangsneuronen berücksichtigt.

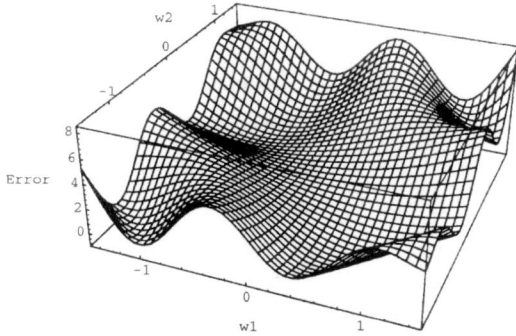

Bild 2.31: Fehlerfläche eines KNN als Funktion der Verbindungsgewichte w_1 und w_2 aus ZELL *[113]*

Beim Backpropagationalgorithmus handelt es sich um ein Gradientenabstiegsverfahren, mit dem das globale Minimum einer Fehlerfläche gesucht wird. Dazu wird die Fehlerfunktion in jedem Trainingsschritt in Richtung des steilsten Abstiegs hinabgestiegen. Der Fehler des KNN hängt von den Verbindungsgewichten ab und kann im zweidimensionalen Fall, d.h. bei einem KNN mit zwei Verbindungsgewichten, graphisch dargestellt werden (siehe Bild 2.31). Der dargestellte Fehler berechnet sich durch die Aufsummierung der Soll-Ist-Abweichungen über alle untersuchten Muster.

Die Aufsummierung des Fehlers über alle Muster und die anschließende Verbindungsgewichtsanpassung wird als Trainingsepoche bezeichnet. Wie bereits erwähnt, werden in einer Trainingsepoche alle Trainingsmuster genau einmal präsentiert. Hierbei unterscheidet man in sequentielle und zufällige Trainingsreihenfolgen. Bei der sequentiellen Trainingsreihenfolge werden dem Netz die Trainingsmuster in jeder Trainingsepoche wieder in der gleichen Reihenfolge vorgestellt. Hingegen erfolgt die Präsentation der Trainingsmuster bei der zufälligen Trainingsreihenfolge zufällig.

Die angestrebte Fehlerminimierung wird durch eine geringfügige Änderung aller Verbindungsgewichte $\Delta \mathbf{W}$ erreicht, wobei die Änderung vom negativen Gradienten abhängt. Mathematisch kann dieses Vorgehen durch

$$\Delta \mathbf{W} = -\eta \nabla E(\mathbf{W}) \qquad (2.22)$$

beschrieben werden, wobei $-\nabla E(\mathbf{W})$ den negativen Gradienten der Fehlerfunktion $E(\mathbf{W})$ beschreibt und η erneut die Lernrate ist. Für ein jedes Verbindungsgewicht kann die notwendige Anpassung demzufolge durch

$$\Delta w_{ij} = -\eta \frac{\partial}{\partial w_{ij}} E(\mathbf{W}) \qquad (2.23)$$

berechnet werden. Meist wird als Fehlerfunktion der quadratische Abstand zwischen dem gewünschten und dem tatsächlichen Wert eingesetzt. Somit berechnet sich der Gesamtfehler E über alle Muster p durch

$$E = \sum_p E_p, \qquad (2.24)$$

wobei E_p der Fehler beim einzelnen Muster p ist und durch

$$E_p = \frac{1}{2} \sum_j (t_{pj} - o_{pj})^2 \qquad (2.25)$$

berechnet wird. Hierbei ist t_{pj} die Zielausgabe und o_{pj} die Ist-Ausgabe des Neurons j für das Muster p. Die ½ in der Formel wurde zum einen aus anschaulichen Gründen verwendet, da die äußere Form somit einer Energiefunktion entspricht. Zum anderen kürzt sich die ½ mithilfe einer 2 weg, die aus der späteren Ableitung resultieren wird. Für das Verfahren ist es allerdings nicht von Bedeutung, ob der ganze oder der halbe Fehler minimiert wird. Für die vollständige Herleitung der Delta-Regel sowie des Backpropagationalgorithmus, der aus der Delta-Regel hervorgeht, sei auf ZELL [113] verwiesen.

Der Backpropagationalgorithmus weist wie jedes reine Gradientenverfahren einige Probleme und Nachteile auf, die mit unterschiedlichen Maßnahmen behoben oder abgemildert werden können. Ein Problem kann bereits aus der Initialisierung der Verbindungsgewichte des KNN resultieren. Es sollte strikt vermieden werden, dass alle Verbindungsgewichte des Netzes zu Beginn den gleichen Wert besitzen. Diesen Vorgang bezeichnet man als *symmetry breaking*. Idealerweise sollten die Startgewichte einen zufälligen Wert im Intervall von -0,1 bis 0,1 aufweisen. Weiterführende Erläuterungen zum Initialisieren der Verbindungsgewichte können JOOST [49] entnommen werden.

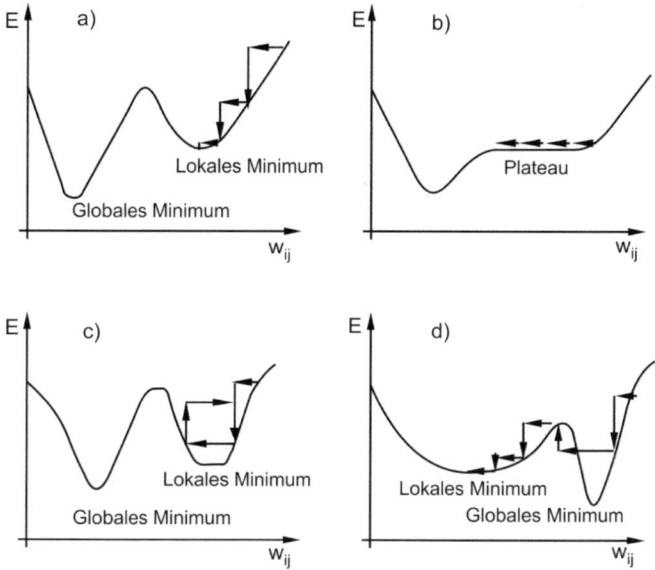

Bild 2.32: Verschiedene Probleme von Gradientenabstiegsverfahren

Ein weiteres Problem entsteht, wenn ein lokales Minimum erreicht wird (siehe Bild 2.32 a)). Dies ist ein Problem eines jeden Gradientenverfahrens und wächst mit zunehmender Anzahl an Verbindungsgewichten aufgrund des komplexer werdenden Fehlerraums. Zur Lösung dieses Problems gibt es kaum allgemeingültige Verfahren. Allerdings zeigen viele Anwendungen, dass mithilfe einer entsprechend kleinen Schrittweite meist lokale Minima gefunden werden, die nur geringfügig vom globalen Minimum abweichen.

Eine weitere Schwierigkeit für Gradientenverfahren stellen lange, flache Plateaus dar, wie es in Bild 2.32 b) gezeigt ist. Da die Anpassung der Verbindungsgewichte im Wesentlichen vom Gradienten der Fehlerfunktion abhängt, wird dadurch das Lernen zumindest deutlich verlängert oder gar zum Abbruch gezwungen. Des Weiteren kommt erschwerend hinzu, dass ein Gradient von Null nicht unbedingt ein Plateau, sondern auch das globale oder ein lokales Minimum beschreibt. Zwei weitere Probleme werden aufgrund von Schluchten ausgelöst. Zum einen kann es wie in Bild 2.32 c) zu einem oszillierenden Verhalten der Lernregel infolge einer Schlucht kommen. Zum anderen können sehr schmale Schluchten infolge einer zu großen Schrittweite schnell übersprungen werden, wie es in Bild 2.32 d) gezeigt ist.

Insbesondere die vier in Bild 2.32 gezeigten Probleme verdeutlichen, wie wichtig die Wahl der Lernrate ist. Eine zu kleine Lernrate kann zu einem Verweilen in einem lokalen Minimum oder einem zu langsamen Lernverhalten führen. Eine zu große Lernrate erhöht jedoch die Wahrscheinlichkeit, dass enge Schluchten übersprungen werden. Auch heute gibt es kaum praktische Hinweise in Bezug auf die Wahl der Lernrate, und die wenigen verfügbaren Angaben sind zudem teilweise widersprüchlich. Die meistverbreitete Empfehlung ist die Wahl einer großen Lernrate zu Beginn des Lernens, die um 1 liegt. Im Laufe des Lernprozesses sollte diese dann immer kleiner werden bis beispielsweise 0,1 erreicht wird (siehe KOHONEN [56]). Allerdings hängen diese absoluten Werte vom Anwendungsfall und der Anzahl der Gewichte ab.

Ein Teil der soeben geschilderten Probleme kann mithilfe des sogenannten Momentumterms abgeschwächt werden. Bei dieser Methode wird ein zusätzlicher Term α eingefügt, der die vorherige Verbindungsgewichtsänderung berücksichtigt. Formelmäßig ergibt sich die Verbindungsgewichtsanpassung somit durch

$$\Delta_p w_{ij}(t+1) = \eta o_{pi}\delta_{pj} + \alpha \Delta_p w_{ij}(t). \tag{2.26}$$

Mithilfe des Momentumterms kann zum einen eine Beschleunigung des Lernverfahrens auf flachen Plateaus und zum anderen ein starkes Abbremsen erzielt werden, beispielsweise wenn sich das Verfahren gerade in einer Schlucht befindet. Es gibt noch viele weitere Verbesserungen und Anpassungen am Backpropagationalgorithmus, auf die hier jedoch nicht näher eingegangen werden soll. Für eine Übersicht sei erneut auf ZELL [113] verwiesen.

Abschließend wird noch kurz auf die *Resilient Propagation*, im Folgenden durch RProp abgekürzt, eingegangen, da diese von allen getesteten Lernverfahren im Rahmen der durchgeführten Voruntersuchungen durchweg die besten Ergebnisse lieferte. Entwickelt wurde die RProp Anfang der 1990er Jahre von RIEDMILLER UND BRAUN [86]. Dieses Lernverfahren vereinigt die Ideen verschiedener anderer Weiterentwicklungen des Backpropagationalgorithmus, die nachfolgend kurz vorgestellt werden.

1. Bei der Anpassung der Verbindungsgewichte wird nicht der Gradient der Fehlerfunktion berücksichtigt sondern lediglich das Vorzeichen.
2. Das Verfahren verwendet einen Momentumterm, mit dem sowohl der aktuelle als auch der vorherige Zeitschritt berücksichtigt wird.
3. Jedes Verbindungsgewicht besitzt eine individuelle Lernrate, wobei die Lernrate nach jedem Trainingsschritt erneut angepasst wird.

Bei der RProp werden der Betrag der Gewichtsänderung $\Delta_{ij}(t)$ und die Gewichtsänderung Δw_{ij} getrennt voneinander bestimmt. Dazu wird im ersten Schritt der Betrag der Gewichtsänderung durch

$$\Delta_{ij}(t) = \begin{cases} \Delta_{ij}(t-1) \cdot \eta^+ & \text{falls } S(t-1) \cdot S(t) > 0 \\ \Delta_{ij}(t-1) \cdot \eta^- & \text{falls } S(t-1) \cdot S(t) < 0 \\ 0 & \text{wenn } S(t-1) = 0 \vee S(t) = 0 \end{cases} \quad (2.27)$$

berechnet, wobei $0 < \eta^- < 1 < \eta^+$ gilt. Aufgrund guter Erfahrungen wird in vielen Anwendungen $\eta^- = 0{,}5$ und $\eta^+ = 1{,}2$ gewählt. Zudem ist

$$S(t) = \frac{\partial E}{\partial w_{ij}}(t) \quad (2.28)$$

und somit die Ableitung, d.h. die Steigung, der Fehlerfunktion $E(t)$ in Richtung des Verbindungsgewichts w_{ij} zum betrachteten Zeitpunkt t. Bemerkenswert bei dieser Vorschrift ist, dass die Änderung des Gewichts lediglich vom Vorzeichen der Steigung abhängt. Folglich wird der Betrag der Gewichtsänderung vergrößert, wenn die Vorzeichen der Steigungen im aktuellen und im vorigen gleich sind, und verringert, wenn sich die Vorzeichen unterscheiden. In den übrigen Fällen wird keine Anpassung vorgenommen. Zudem werden zu Beginn des Trainings alle $\Delta_{ij}(t)$ auf einen Anfangswert Δ_0 initialisiert.

Im darauffolgenden Schritt wird das Gewicht w_{ij} unter Berücksichtigung der Vorzeichen der Steigung aus dem aktuellen und dem vorangegangenen Zeitschritt angepasst. Das neue Verbindungsgewicht $w_{ij}(t+1)$ berechnet sich nach

$$w_{ij}(t+1) = w_{ij}(t) + \Delta w_{ij}(t), \qquad (2.29)$$

wobei bei der Gewichtsänderung Δw_{ij} folgende Fälle unterschieden werden:

$$\Delta w_{ij}(t) = \begin{cases} -\Delta_{ij}(t) & \text{für } S(t-1) > 0 \wedge S(t) > 0 \\ \Delta_{ij}(t) & \text{für } S(t-1) \cdot S(t) > 0 \wedge S(t) < 0 \\ -\Delta w_{ij}(t-1) & \text{für } S(t-1) \cdot S(t) < 0 \\ 0 & \text{wenn } S(t-1) = 0 \vee S(t) = 0 \end{cases} \qquad (2.30)$$

Folglich wird der Betrag der Gewichtsänderung in Abhängigkeit des Vorzeichens zur Gewichtsänderung addiert oder subtrahiert (Fälle 1 und 2 in Formel (2.30)). Werden unterschiedliche Vorzeichen für die Steigung ermittelt, ist ein lokales Minimum für dieses Verbindungsgewicht infolge einer zu großen Gewichtsanpassung übersprungen worden. Daher wird mit dem dritten Fall der obigen Formel durch Subtrahieren von Δw_{ij} die letzte Gewichtsanpassung ungeschehen gemacht.

Neben der gezeigten Berücksichtigung des Vorzeichens der Steigung im aktuellen und im davorliegenden Zeitschritt werden meist Schranken für den Betrag der Gewichtsänderung mit Δ_{max}=50 und Δ_{min}=1·10^{-6} eingeführt (siehe ZELL [113]). Ebenso kann in RIEDMILLER und BRAUN [86] und ZELL [113], aber auch in JOOST [49] nachgelesen werden, dass die RProp in einer Vielzahl von Vergleichsstudien vielen anderen Trainingsalgorithmen bezüglich der Trainingszeit und der Trainingsergebnisse überlegen ist. Dies konnte auch im Rahmen der Voruntersuchungen zu dieser Arbeit festgestellt werden, in denen Vergleiche mit einem Gradientenabstiegsverfahren mit adaptiver Lernrate und Momentumterm und mit dem LEVENBERG-MARQUARD-Algorithmus durchgeführt wurden.

2.3.5 Funktionalität der Selbstorganisierenden Karten nach Kohonen

Eine weitere, sehr populäre Klasse der KNN stellen die SOM dar, die erstmals von KOHONEN im Jahre 1982 vorgestellt wurden und somit in enger Verbindung mit seiner Arbeit stehen. Wie bereits in Unterabschnitt 2.3.1 beschrieben, zielt die Funktionsweise der SOM auf die topologische Anordnung der Neuronen im menschlichen Gehirn ab. Für detaillierte Informationen zu den SOM sei daher

2.3 Grundlagen der künstlichen neuronalen Netze

insbesondere auf das Werk von KOHONEN [56] verwiesen. Ergänzende Informationen können zudem in RITTER ET AL. [89] und ZELL [113] gefunden werden.

Dem Gehirn ist es möglich, Fähigkeiten und Wissen aus einem bestimmten Handlungsgebiet in Form einer geometrisch organisierten Karte abzulegen. Auf diese Fähigkeit gründet sich das Ziel, verbundene Neuronen eines KNN über eine geeignete Aktivierung so anzupassen, dass sich die Neuronen auf charakteristische Eigenschaften der Eingabesignale spezialisieren. Dabei sind die Neuronen nicht in der Lage sich zu bewegen, sondern es werden lediglich Anpassungen an den internen Neuronenparametern vorgenommen. Zudem sind benachbarte Neuronen miteinander verbunden. Dadurch führt eine Anpassung eines Neurons immer auch zu einer Anpassung der benachbarten Neuronen. In der Regel ist die Anpassung der benachbarten Neuronen jedoch abgeschwächt und somit erfahren sehr weit entfernte Neuronen keine Änderung aufgrund dieser Neuronenanpassung. Durch den geschilderten Aufbau und der aufgezeigten Funktionsweise ist es dem KNN letztendlich möglich, hochdimensionale Eingabevektoren in einem linearen, ebenen oder räumlichen Darstellungsraum in Abhängigkeit ihrer Ähnlichkeit einzugruppieren. Die Klassifizierung der Eingabedaten erfolgt mithilfe eines speziellen Algorithmus für SOM nach charakteristischen Merkmalen. Trotz dieser Ähnlichkeit zur menschlichen Hirnrinde handelt es sich bei den SOM um ein abstraktes System ohne Bezugnahme auf biologische Strukturen (siehe KOHONEN [56]).

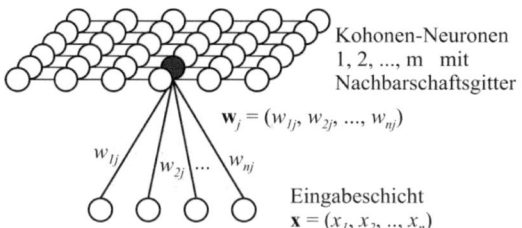

Bild 2.33: Aufbau der SOM nach ZELL [113]

Die Mehrzahl der SOM sind KNN, die aus einer Schicht aktiver Neuronen und einer Eingabeschicht bestehen (siehe Bild 2.33). Meist werden die aktiven Neuronen zweidimensional angeordnet; wie aber bereits erwähnt, sind auch ein- oder höherdimensionale Strukturen möglich. Jedem Neuron in der aktiven Schicht, die auch als Kohonenschicht bezeichnet wird, wird ein Referenzvektor zugeordnet. Ab einer zweidimensionalen Darstellung können verschiedene Gittertypen verwendet werden, wie beispielsweise rechteckige, hexagonale oder auch unregelmäßige. Die Zuordnung der Neuronen zum n-dimensionalen Eingabevektor erfolgt im einfachsten Fall über skalare Verbindungsgewichte.

Die Anpassung der Verbindungsgewichte erfolgt bei den SOM durch ein unüberwachtes Lernen, da es ohnehin keine gewünschten oder bevorzugten Ausgabemuster gibt. Es sollen lediglich ähnliche Eingabevektoren räumlich eng zusammenliegende Neuronen ansprechen. Wo genau sich diese Neuronen im Darstellungsraum befinden, ist nicht von Interesse.

Während des Trainings der SOM wird jeder n-dimensionale Eingabevektor $\mathbf{x} = [x_1, x_2, ..., x_n]^T \in \mathbb{R}^n$ mit allen Verbindungsgewichten $\mathbf{w}_j = [w_{1j}, w_{2j}, ..., w_{nj}]^T \in \mathbb{R}^n$ verglichen. Häufig wird zur Vergleichsberechnung die euklidische Norm oder bei normalisierten Vektoren das Skalarprodukt verwendet (siehe ZELL [113]). Den Vergleich gewinnt jenes Neuron, dessen Gewichtsvektor $\mathbf{w}_c$ dem Eingabevektor am ähnlichsten ist. Dieses Neuron c wird als Gewinner- oder Championneuron bezeichnet und begründet somit den Index c. Formelmäßig lässt sich der durchzuführende Vergleich durch

$$||\mathbf{x} - \mathbf{w}_c|| = min_j(||\mathbf{x} - \mathbf{w}_j||) \qquad (2.31)$$

beschreiben. Im Anschluss an den Vergleich wird der Gewichtsvektor des Gewinnerneurons beispielsweise durch

$$\mathbf{w}_j(t+1) = \mathbf{w}_j(t) + \eta(t) \cdot h_{cj}(t) \cdot [\mathbf{x}(t) - \mathbf{w}_j(t)] \qquad (2.32)$$

angepasst, wobei $\eta(t)$ die Lernrate und $h_{cj}(t)$ die Nachbarschaftsfunktion des SOM ist. Mithilfe der Nachbarschaftsfunktion werden Neuronen ausgewählt, die aufgrund ihrer räumlichen Nähe zum Gewinnerneuron ebenfalls anzupassen sind. Hierzu ist jedoch anzumerken, dass diese räumlich nahen Neuronen nicht zwangsläufig dem Eingabevektor ähneln. Dennoch werden nahe Neuronen deutlich stärker angepasst als weit entfernte. Sowohl die Form als auch die Größe der Nachbarschaftsfunktion sind über die Zeit veränderlich, da man zu Beginn des Trainings für eine Grobausrichtung der SOM meist möglichst viele Neuronen der aktiven Schicht ansprechen möchte. Zum Ende des Trainings werden nur noch sehr wenige Neuronen zusammen mit dem Gewinnerneuron angepasst, da man an einer Feinausrichtung der SOM interessiert ist. Laut KOHONEN [56] sollen möglichst einfache Funktionen wie

$$h_{cj}(t) = 1 \; \forall \; j \in N_c \; und \; h_{cj}(t) = 0 \; \forall \; j \notin N_c \qquad (2.33)$$

gewählt werden, wobei N_c die anzupassenden Nachbarschaftsneuronen um dem Gewinnerneuron mit einem Quadrat oder Sechseck festlegt. Zudem soll N_c mit steigender Anzahl an Trainingsschritten kontinuierlich kleiner werden (siehe Bild 2.34). Eine andere, weitverbreitete Nachbarschaftsfunktion wird durch die Gaußkurve repräsentiert (siehe ZELL [113]).

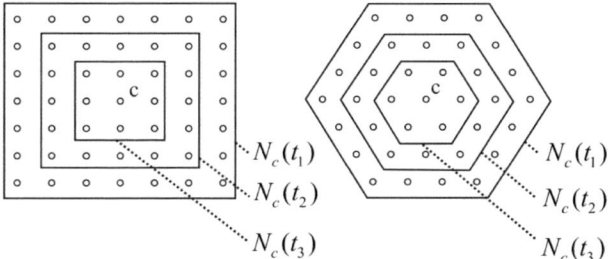

Bild 2.34: *Beispiele für topologische Nachbarschaftsfunktionen nach* KOHONEN *[56]*

Besonderes Augenmerk sollte zu Beginn des Trainings auf die Größe der Nachbarschaftsumgebung gelegt werden, da die SOM keine globale Ordnung vornehmen kann, wenn diese zu klein gewählt wird. Zudem sollte die betrachtete Nachbarschaftsumgebung nicht zu schnell reduziert werden, damit sich weit entfernte Neuronen über mehrere Trainingsschritte gegenseitig beeinflussen können. Eine Nichteinhaltung dieser Regeln kann zu einer SOM führen, die alle Muster in zwei Teilbereiche einordnet und somit eine globale Ordnung verhindert (siehe Bild 2.35)

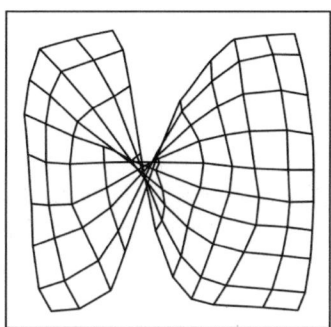

Bild 2.35: *SOM mit globalem Ordnungsfehler aus* ZELL *[113]*

In der Praxis ist zur Vermeidung von globalen Ordnungsfehlern ein zweistufiges Training empfehlenswert. Während der ersten, groben Ordnungsphase sollte zu Beginn etwa die Hälfte der Neuronen in der Nachbarschaftsumgebung liegen und schrittweise bis auf die direkten Nachbarschaftsneuronen reduziert werden. Zudem ist eine relativ große Lernrate von 0,9 sinnvoll (siehe KOHONEN [56]). Zur Anzahl der Lernschritte in dieser ersten Trainingsphase gibt es stark variierende Angaben. So bezeichnet KOHONEN [56] etwa 1000 Trainingsschritte als ausreichend. FANGHÄNEL [28] hat jedoch in realen Untersuchungen die Erfahrung gemacht, dass die Anzahl der notwendigen Trainingsschritte für eine Grobausrichtung der SOM stark von der Anzahl der Neuronen in der aktiven Schicht abhängt und somit keine allgemeingültigen Zahlenwerte angegeben werden können. Nach Abschluss der Grobausrichtung erfolgt die Feinausrichtung, die mit etwa einer 500-fachen Anzahl an Trainingsschritten deutlich umfangreicher ist. Während der Feinausrichtung werden ausschließlich die direkten Nachbarneuronen des Gewinnerneurons berücksichtigt. Zudem wird die Lernrate in jedem Schritt durch eine monoton fallende Funktionsvorschrift reduziert. Für weitere spezielle Hinweise zur Anwendung der SOM liefert ZELL [113] eine gute Übersicht.

3 FE-Simulationen des Gesamtfahrzeugs

Zur Abschätzung der verschiedenen Unfallszenarioparameter werden Sensorsignale benötigt, die durch viele FE-Simulationen mit einem Gesamtfahrzeugmodell gewonnen werden. Bei dem verwendeten FE-Gesamtfahrzeugmodell handelt es sich um einen Kleinwagen. Es werden im Abschnitt 3.1 nähere Beschreibungen sowohl zum realen Fahrzeug als auch einige Kennwerte des FE-Modells vorgestellt. Darüber hinaus wird genauer auf die Signalgewinnung eingegangen, die den Einsatz virtueller Sensoren erforderlich macht.

Im Anschluss an die Vorstellung des Real- und des dazugehörigen FE-Fahrzeugmodells erfolgen im zweiten Abschnitt Ausführungen zur Umfelderfassung moderner Fahrzeuge und die dazu notwendigen Systeme. Zudem werden reale Beschleunigungssensoren in Abhängigkeit der historischen Entwicklung vorgestellt. In diesem Zusammenhang wird auch auf die Gestaltung moderner Fahrgastzellen und Rohkarosserien mit dem Ziel eines besseren Insassenschutzes näher eingegangen.

Abschließend werden im Abschnitt 3.3 die Maßnahmen erläutert, die in Vorbereitung auf die Simulationen notwendig sind. Es wird auf die verschiedenen Unfallszenarien, die zugehörigen Unfallparameter und Randbedingungen eingegangen, die der Beschreibung eines Unfallszenarios dienen. Zudem wird gezeigt, wodurch sich die Unfallszenarien voneinander unterscheiden und welche Parameter dazu variiert werden. Dies bezieht sich insbesondere auf die Variationen der Geschwindigkeit, der Hindernisposition und des Aufprallwinkels.

3.1 Vorstellung des Realfahrzeugs und des FE-Modells

Vorweg sei gesagt, dass das verwendete Modell nicht öffentlich zugänglich ist. Daher werden keine Verformungen visuell dargestellt, sondern lediglich beschrieben.

Die Simulationen werden mit einem FE-Modell eines Kleinwagens durchgeführt. Gerade im Bereich der Kleinwagen sind die Anforderungen an die Systeme der passiven Sicherheit von besonderer Bedeutung. Dies ist in den kleinen Abmessungen begründet, da aufgrund derer nur kleine Deformationszonen im Fahrzeug vorhanden sind. Darüber hinaus ist ein Kleinfahrzeug bei einem Zusammenprall mit einem größeren und schwereren Fahrzeug deutlich benachteiligt.

Die angesprochenen Nachteile erfordern eine äußerst anspruchsvolle Auslegung der Rohkarosserie und der Fahrgastzelle, da diese für einen guten Insassenschutz besonders steif sein sollte. Für dieses Ziel werden beispielsweise hochfeste und profilierte Aufprallträger im Türbereich eingesetzt. In Bezug auf die Leistungsfähigkeit der passiven Sicherheit setzte das untersuchte Fahrzeug zum Zeitpunkt der Markteinführung neue Maßstäbe in der Kleinwagenklasse.

Das FE-Modell des Kleinwagens besitzt einen deutlich geringeren Detaillierungsgrad im Vergleich zu heutigen FE-Gesamtfahrzeugmodellen. Dieses vergleichsweise kleine Modell hat jedoch den Vorteil, dass die große Anzahl an durchzuführenden Simulationen, auf die genauer in Unterabschnitt 3.3 eingegangen wird, deutlich schneller berechnet werden kann, als dies mit einem modernen FE-Gesamtfahrzeugmodell mit 2 Millionen Elementen möglich wäre.

Zur Abbildung des FE-Gesamtfahrzeugmodells werden rund 300.000 Elemente verwendet. Große und besonders steife Fahrzeugteile, wie beispielsweise der Motor, das Getriebe oder die Batterie, werden durch Volumenelemente abgebildet. Zudem können sich die Elemente dieser Fahrzeugteile nicht verformen, da sie als Starrkörper definiert werden. Darüber hinaus werden Balken- und Stabelemente zur Beschreibung der Achskonstruktionen und einzelner Fahrwerksteile verwendet. Zuletzt sei auf den Einsatz von sogenannten PLink-Elementen hingewiesen, mit denen Schweiß- und Klebeverbindungen zwischen miteinander verbundenen Bauteilen dargestellt werden.

Für die Aufzeichnung von Beschleunigungen, Verschiebungen und Schnittgrößen können im einfachsten Fall einzelne Knoten des FE-Modells ausgewählt werden. Dies entspricht jedoch nicht der Abbildung eines Sensors, wie er in realen Fahrzeugmodellen zu finden ist und kann daher verbessert werden. Eine deutlich realitätsnähere Erfassung von Sensorsignalen ist unter Verwendung von virtuellen Sensoren möglich, die gesondert im FE-Modell zu definieren sind. Diese Sensoren sind zum einen an einem Bauteil der Rohkarosserie befestigt und besitzen darüber hinaus eine Masse und Trägheitsmomente. Es sind sowohl Sensoren im Bereich des Vorderwagens als auch in der Fahrgastzelle des FE-Gesamtfahrzeugmodells definiert. Eine Übersicht zur Lage der Sensoren ist in Bild 3.1 dargestellt. Des Weiteren wird im Folgenden genauer auf die Gründe eingegangen, die zur Abbildung der einzelnen Sensoren führen.

Im Bereich des Vorderwagens befinden sich zum einen fünf Sensoren entlang des vorderen Querträgers und zum anderen jeweils zwei Sensoren auf den beiden Längsträgern. Die beiden vorderen Sensoren auf den Längsträgern bilden die sogenannten Up-Front-Sensoren eines modernen realen Fahrzeugs ab. Mithilfe von Up-Front-Sensoren erhält man unmittelbar nach dem Aufprall gegen ein Hindernis erste Informationen über den Unfall und deckt gleichzeitig einen breiten Bereich der Fahrzeugfront ab. Somit sind Up-Front-Sensoren bei der Klassifizierung von Unfällen, insbesondere im Hinblick auf die Hindernisposition, behilflich, wobei genauere Informationen dazu in den Unterabschnitten 3.2 und 3.3 gegeben werden.

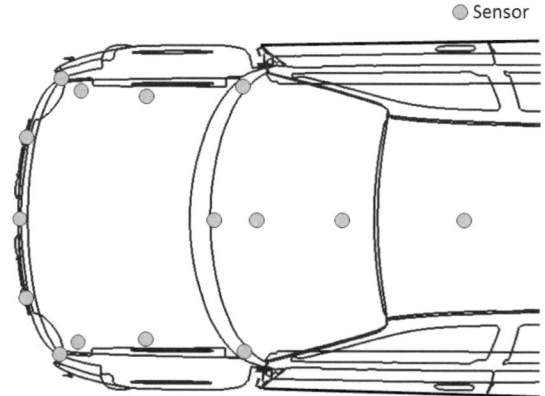

Bild 3.1: Positionen der 15 Sensoren im FE-Gesamtfahrzeugmodell (Prinzipdarstellung der Karosserieumrisse)

Des Weiteren bilden die Sensoren auf dem Fahrzeugtunnel das zentrale Airbagsteuergerät ab. Es werden mit diesen Sensoren folglich insbesondere Beschleunigungen aufgezeichnet. Die Berechnung der Gierrate erfolgt über die x- und y-Koordinaten zweier beliebiger Sensoren, die sich auf dem Tunnel befinden. Mithilfe der x- und y-Koordinaten kann im Nachhinein sowohl der Drehwinkel und als zeitliche Ableitung dessen auch die Drehrate des FE-Gesamtfahrzeugmodells berechnet werden. Für genauere Ausführungen zur Berechnung und die Zweckmäßigkeit der Gierrate im weiteren Verlauf der Untersuchungen sei auf Unterabschnitt 3.3 verwiesen.

Sowohl die Sensoren entlang des Querträgers als auch die beiden hinteren Sensoren auf den Längsträgern vergrößern lediglich die Auswahl an Sensorsignalen für die späteren Untersuchungen. Dieses Vorgehen ist darin begründet, dass zu Beginn der Untersuchung nicht bestimmt werden kann, mit welchen Sensorsignalen die besten Ergebnisse zur Klassifizierung des Unfallszenarios möglich sind. Zudem ist die Definition der Sensoren einfach und schnell möglich und der zusätzliche Speicherplatzbedarf verschwindend gering. Somit ist die Abbildung zu vieler Sensoren im Vorfeld deutlich zweckmäßiger als im Anschluss an erste Untersuchungsergebnisse weitere Sensoren zu definieren, die erneute Simulationsberechnungen notwendig machen. Dennoch sei nochmals betont, dass die soeben genannten Sensoren keinen Bezug zu realen Fahrzeugen haben, da an diesen Positionen bisher keine Sensoren eingesetzt werden. Ähnlich verhält es sich mit den drei Sensoren entlang der Spritzwand. Auch diese werden lediglich ausgewählt, um umfangreichere Untersuchungen im Anschluss an die Simulation durchführen zu können.

Insgesamt besitzt das FE-Gesamtfahrzeugmodell 15 Sensoren. Es ist bereits angesprochen worden, dass die virtuellen Sensoren im Gegensatz zu realen Sensoren deutlich mehr Größen aufzeichnen und zur selben Zeit in alle Raumrichtungen abtasten können.

3.2 Umfelderfassung, Unfalldetektierung und Fahrgastzellenaufbau moderner Fahrzeuge

Im Folgenden wird näher auf die umfangreiche und ständig weiter steigende Sensorik moderner Fahrzeuge eingegangen. Von besonderer Bedeutung sind im Rahmen der hier dargestellten Untersuchung Systeme zur Erfassung des äußeren Fahrzeugumfelds. Neben der Sensorik zur Umfelderfassung erfolgt ebenfalls eine kontinuierliche Weiterentwicklung der Systeme zur Erfassung der Insassen und zur bedarfsgerechten Auslegung der Rückhaltesysteme. Da erst der verbundene Einsatz aller drei Sensorgruppen eine deutliche Steigerung des Insassenschutzes ermöglicht, wird auch für diese Systeme ein Überblick gegeben. Zuletzt seien Systeme genannt, die insbesondere den Schutz von deutlich unterlegenen Unfallgegnern, wie beispielsweise Fußgängern und Fahrradfahrern, zum Ziel haben. Auf eine grundlegende Darstellung dieser Systeme wird jedoch verzichtet, da diese Systeme im Rahmen der hier vorgestellten Untersuchungen nicht von Bedeutung sind. Gleichwohl können ausführliche Informationen aus den im Folgenden genannten Literaturquellen gewonnen werden.

Die Systeme zur Umfelderfassung des Fahrzeugs sind verhältnismäßig neu und befinden sich mit Ausnahme der ultraschallgestützten Einparkhilfe erst seit etwa einem Jahrzehnt im Einsatz. Zudem sind in diesem Zeitraum deutliche Verbesserungen in der Umfelderfassung erzielt worden, wie durch ZLOCKI ET AL. [114] eindrucksvoll belegt wird. Eine Aufteilung der Umfeldsensorik kann sowohl hinsichtlich der Reichweite als auch hinsichtlich des Messverfahrens unterschieden werden (siehe Bild 3.2).

Am geläufigsten sind Sensoren zur Erfassung des Parkbereichs, die den Fahrzeugführer insbesondere in Ein- und Ausparksituationen unterstützen. Parksysteme sind zudem die ältesten aktiven Systeme zur Umfelderfassung und befinden sich seit Mitte der 1990er-Jahre im Einsatz (siehe HENLE [44]). Überwiegend kommen zur Abdeckung des Parkbereichs, der sich etwa bis 2 m vor und hinter dem Fahrzeug erstreckt, Ultraschallsensoren zum Einsatz. Zusätzlich erfahren optische Kamerasysteme seit wenigen Jahren eine stark ansteigende Verbreitung. Zudem nutzt beispielsweise Mercedes-Benz in der 2005 vorgestellten S-Klasse Informationen des Nahbereichsradars zur Unterstützung des Einparkvorgangs (siehe STEINER ET AL. [104]). Der Vorteil des Nahbereichsradars liegt neben der größeren Reichweite im Vergleich zu Ultraschallsensoren in der Vermeidung der optisch störend wirkenden Ultraschallsensoren, die sonst in den Stoßstangen eingelassen und dadurch von außen sichtbar sind.

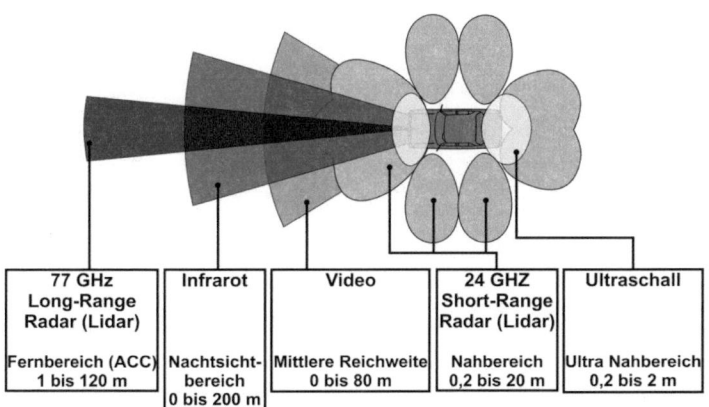

Bild 3.2:   Abgedeckte Bereiche verschiedener Sensoren zur Umfelderfassung nach KNOLL UND WINNER. [52]

Der nächste Entfernungsbereich wird von einem Nahbereichsradar erfasst. Mithilfe des Nahbereichsradars wird das gesamte Umfeld bis zu einer Reichweite von etwa 20 m um das Fahrzeug herum erfasst. Insbesondere die seitlich angebrachten Sensoren dienen einem rechtzeitigen Auslösen der Rückhaltesysteme zum Schutz der Fahrzeuginsassen bei einem Seitenaufprall.

Unfallszenarien, bei denen es zu einer seitlichen Kollision kommt, unterscheiden sich erheblich von Frontal- und Heckunfällen. So konnte ZANDER [112] zeigen, dass bei einem seitlichen Aufprall aufgrund des sehr geringen Abstands zwischen Insasse und Fahrzeugtür schon zum Zeitpunkt des Aufpralls alle notwendigen Rückhaltesysteme wie Airbag und Gurtstraffer ausgelöst sein sollten. Folglich müssen alle notwendigen Informationen bereits vor dem

Stattfinden des Unfalls vorliegen. Entsprechend hohe Anforderungen sind bei einem Frontal- oder Heckunfall nicht zu erfüllen, da die Karosserie in diesen Unfallszenarien einen deutlich höheren Verformungsraum besitzt. In Abhängigkeit der Fahrzeuggeschwindigkeit und des Hindernisses können nach CHAN [20] bis zur Auslösung der Airbags 10 bis 70 ms vergehen. Eine Übersicht der zur Verfügung stehenden Auslösezeiten bei einem Frontalunfall in Abhängigkeit von Geschwindigkeit und Hindernisart ist in Tabelle 3.1 gegeben. Die dargelegten Zeitangaben können mithilfe einer Faustformel abgeschätzt werden, die CHAN [20] als *Regel der 12,5 cm minus 30 ms* bezeichnet.

Tabelle 3.1: Auslösezeit des Airbagsensors in unterschiedlichen Unfallszenarien aus Chan [20]

Unfallart	Auslösezeit des Airbags in ms
Fahrzeug gegen starre Wand (48 – 64 km/h)	10 – 20
Fahrzeug, schräg gegen starre Wand (48 – 64 km/h)	20 – 30
Fahrzeug gegen starre Wand (24 – 32 km/h)	30 – 50
Fahrzeug gegen Pfahl (24 – 32 km/h)	50 – 70
Fahrzeug gegen Fahrzeug, frontal (96 – 128 km/h, Relativgeschwindigkeit)	20 – 30
Fahrzeug gegen Fahrzeug, frontal (48 – 64 km/h, Relativgeschwindigkeit)	30 – 50

Zur Erfassung des weiter als 20 m entfernten frontalen Fahrzeugumfelds werden optische Systeme mit 80 m Reichweite und Fernbereichsradarsysteme mit einer Reichweite von 120 m eingesetzt. Zudem kommen Systeme zum Einsatz, die auf Infrarotlichtbasis arbeiten und eine Reichweite von bis zu 200 m besitzen. In diesem Entfernungsbereich dient das optische System insbesondere der Erkennung von Verkehrszeichen. Mithilfe des Infrarotsystems und des Fernbereichsradars besitzt die Umfelderfassung eine Allwetterfähigkeit und kann außerdem bei Tag und Nacht sowohl Hindernisse als auch Lebewesen erfassen. Die Vielzahl der verschiedenen Erfassungssysteme für das Umfeld vor dem Fahrzeug ist zur Unterstützung verschiedener Assistenzsysteme notwendig. Einen guten Überblick zum Einsatzgebiet in Abhängigkeit moderner Assistenzsysteme ist in Bild 3.3 dargestellt.

Alle vorgestellten Systeme zur Erfassung des Fahrzeugumfelds können herangezogen werden, um einen deutlich besseren Schutz des Fahrzeugführers und seiner Mitfahrer zu gewährleisten. In der Literatur werden Systeme zur Steigerung der Fahrzeugsicherheit mithilfe der Umfelderfassung häufig als Pre-Crash-Systeme bezeichnet (siehe KRAMER [61]), wobei jeder Fahrzeughersteller eine unternehmensinterne Namensgebung wie *Pre-Safe* (siehe BREITLING ET AL. [16] und HENLE ET AL. [44]) oder *Pre-Sense* (siehe PANKALLA ET AL. [81]) vorsieht. Weitere ausführliche Erläuterungen zu modernen Assistenzsystemen finden sich in WINNER UND HAKULI [110] sowie SEIFFERT UND WECH [98].

Bild 3.3: Sensoren zur Umfelderfassung und deren Einsatz im neuen Audi A6 nach PANKALLA ET AL. [81]

Nach dem Betrachten der Pre-Crash-Phase und Vorstellung der zugehörigen Sensoren, wird nun die In-Crash-Phase näher betrachtet. Wie bereits aus der englischen Bezeichnung abzuleiten ist, hat in der In-Crash-Phase der Unfall bereits begonnen und es ist nun die Aufgabe der Rückhaltesysteme, die Fahrzeuginsassen bestmöglich zu schützen. Zur Aktivierung der Rückhaltesysteme werden in Abhängigkeit des Unfallszenarios Sensoren mit unterschiedlichen Wirkungsweisen eingesetzt (siehe Bild 3.4). Im Folgenden werden die Sensortypen näher betrachtet, die zur Auslösung der Rückhaltesysteme bei Frontal- und Seitenunfällen eingesetzt werden.

Zum Detektieren von Frontalunfällen kommen bevorzugt Beschleunigungssensoren zum Einsatz. Die ersten Airbagsysteme zu Beginn der 1980er Jahre nutzten zur Aktivierung Sensoren nach dem Aufschlagzündprinzip (siehe KRAMER [61]). Es handelt sich hierbei um mechanische Systeme, die bei einer genügend großen Beschleunigung die Kraft einer entgegenwirkenden Feder überwinden und auf den Auslöser des Airbags aufschlagen. Aufgrund einiger nachteiliger Eigenschaften, wie nur eine sehr geringe Anpassungsfähigkeit an verschiedene Unfallszenarien oder nicht synchrone Aktivierung verschiedener Rückhaltesysteme, erfolgte sehr schnell eine Weiterentwicklung zu elektromechanischen Sensoren.

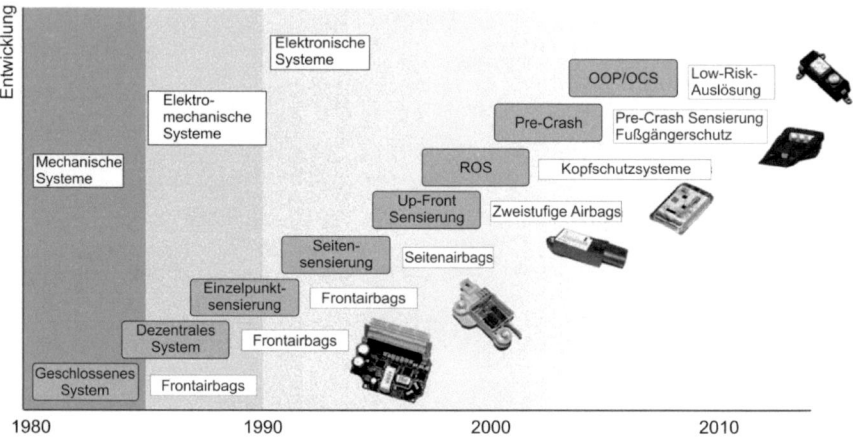

Bild 3.4:   Entwicklung der Sensoren zur Auslösung des Airbags nach KRAMER [61]

Mit der Einführung von elektromechanischen Sensoren erfolgte erstmals der Einsatz mehrerer Sensoren im Verbund. So wurden neben dem Sensor im Airbagsteuergerät, das sich im Mitteltunnel der Fahrgastzelle befindet, weitere Sensoren im vorderen Motorraum eingesetzt, die als Frontsensoren bezeichnet wurden (siehe CHAN [19] und KRAMER [61]). Der wesentliche Unterschied der elektromechanischen Sensoren im Vergleich zu den mechanischen Sensoren ist die Art der Auslösung, die meist durch Schließen eines Stromkreises erfolgt. Zudem erfolgt die Bewegung des Auslösekörpers infolge einer großen Beschleunigung meistens gegen ein wirkendes Magnetfeld. Die bekanntesten elektromagnetischen Sensoren, die zahlreich in Fahrzeugen bis zu Beginn der 1990er Jahre eingesetzt worden sind, sind der Kugel- bzw. Ball-in-Tube-Sensor, sowie der Rollmassen- bzw. Rolamite-Sensor (siehe CHAN [20]).

Eine weitere Steigerung im Bereich der Unfallsensierung wurde durch den Einsatz von elektronischen Beschleunigungssensoren möglich. Aufgrund der gesteigerten Leistungsfähigkeit des Sensors konnte die Anzahl an Sensoren reduziert werden und der Einsatz von *Single-Point-Sensing-Systemen* war erneut möglich. Bei einem Single-Point-Sensing-System reicht ein Sensor im Airbagsteuergerät aus, um eine sichere Auslösung der Airbags infolge eines Unfalls bei gleichzeitiger Kostenreduzierung zu gewährleisten (siehe CHAN [20]). Die ersten elektronischen Beschleunigungssensoren waren piezoelektrische Sensoren, die den piezoelektrischen Effekt ausnutzten. Dabei befindet sich ein Piezo-Keramik-Element auf einem beweglichen Träger und liefert dauerhaft eine konstante elektrische Spannung. Infolge einer starken Beschleunigung wird das Piezo-Element verformt, was zu einer sich ändernden Spannung führt. Anhand der Spannungsänderung sind zudem Rückschlüsse auf die Größe der Beschleunigung möglich. Somit konnte erstmals eine Anpassung der Rückhaltesystemauslösung an das Unfallszenario erfolgen.

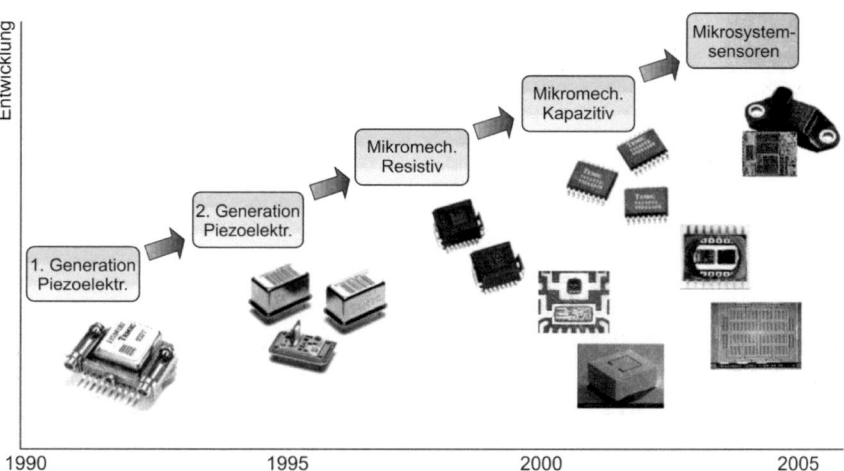

Bild 3.5: *Entwicklung elektronischer Sensoren zur Auslösung des Airbags nach* KRAMER *[61]*

Piezo-Sensoren der ersten Generation sind aufgrund ihrer Größe möglichst steif mit dem Airbagsteuergerät verbunden. In der zweiten Generation konnte der Nachteil der Übertragungseinflüsse vermieden werden, indem aufgrund der reduzierten Größe eine direkte Verlötung des Sensors auf der Leiterplatte des Airbagsteuergeräts möglich wurde. Wie aus Bild 3.5 zu entnehmen ist, besitzen aktuelle Fahrzeuge mikromechanische Beschleunigungssensoren mit resistiven oder kapazitiven Messverfahren.

In aktuellen Forschungsvorhaben wird beispielsweise von LAUERER [63] und SPANNAUS [101] der Einsatz von Körperschallsensoren zur Unfallerkennung untersucht. Als Körperschall werden hierbei Schwingungen in Festkörpern bezeichnet, die Frequenzen von 20 bis 20.000 Hz aufweisen und somit im Bereich des menschlichen Hörvermögens liegen (siehe KRAMER [61]). Durch den Einsatz von Körperschallsensoren kann im Vergleich zu den aktuell verwendeten Sensoren eine deutlich bessere und genauere Unfallsensierung erfolgen. Beim Einsatz der Körperschallsensierung ist jedoch auf eine geeignete Konstruktion des Fahrzeugrahmens zu achten, da andererseits die Signalübertragung gestört ist. In diesem Zusammenhang sind zum einen die Art und die Anzahl der Verbindungen und zum anderen die eingesetzten Werkstoffe zu beachten (siehe KRAMER [61]).

Eine besondere Form von Sensoren kommt bei der Erkennung von Seitenunfällen zum Einsatz. Nachdem auch in den Türen zunächst Beschleunigungssensoren verbaut waren, werden heute im Wesentlichen Drucksensoren eingesetzt (siehe KRAMER [61]). Mit diesen Sensoren kann der Druckanstieg im Türzwischenraum, der durch die Deformierung der Fahrzeugtür infolge eines Unfalls erfolgt, gemessen werden. Dieses Messverfahren ist deutlich schneller als die herkömmliche Beschleunigungsmessung und führt somit zu einer früheren Auslösung des Seitenairbags.

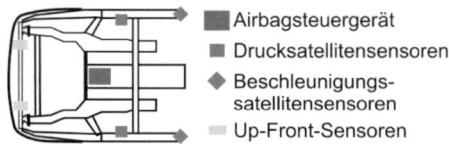

Bild 3.6:   *Verbundenes Sensorkonzept eines modernen Pkw nach LAUERER [63]*

Seit dem Jahrtausendwechsel werden zur Erfüllung der ständig steigenden Anforderungen des Insassenschutzes *Smart-Airbag-Systeme* eingesetzt, die eine mehrstufige und adaptive Auslösung ermöglichen (siehe SOHR UND HEYM [100] sowie GIOUTSOS [37]). Somit ist eine Auslösung der Rückhaltesysteme in Abhängigkeit des Unfallszenarios in gewissen Grenzen möglich. Um diese Fähigkeit für verschiedene Unfallszenarien nutzbar zu machen, sind sogenannte Satellitensensoren in verschiedenen Fahrzeugbereichen notwendig. Von besonderer Bedeutung sind hierbei zwei sogenannte *Up-Front-* oder *Early-Crash-Sensoren*, die sich sehr weit vorne im Vorderwagen befinden. Durch den verbundenen Einsatz der Satellitensensoren und des Airbagsteuergeräts können bereits heute in engen Grenzen verschiedene Unfallszenarien voneinander unterschieden werden. Das verbundene Sensorkonzept zur Erkennung der soeben beschriebenen Unfallszenarien ist in Bild 3.6 dargestellt.

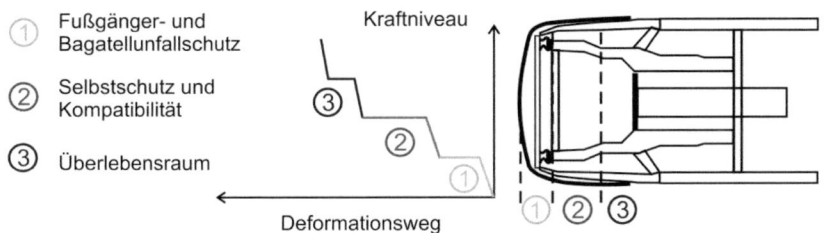

Bild 3.7: *Deformationsbereiche mit zugehörigem Kraftniveau im vorderen Fahrzeugbereich nach LAURER [63]*

Zuletzt wird auf einige grundlegende Anforderungen und Eigenschaften moderner Fahrzeugrahmen eingegangen. Wie in Bild 3.7 gezeigt, lässt sich die Karosserie nach BARÉNYI [6], der häufig als Vater der passiven Sicherheit bezeichnet wird, in drei Bereiche aufteilen (siehe NIEMANN [79]). Der vorderste Bereich zeichnet sich durch eine geringe Widerstandsfähigkeit gegenüber äußeren Kräften aus. Damit sollen zum einen die Verletzungsfolgen von deutlich unterlegenen Unfallgegnern wie Fußgänger oder Fahrradfahrer reduziert werden und zum anderen der Schaden bei Bagatellunfällen wie Parkzusammenstößen gering bleiben.

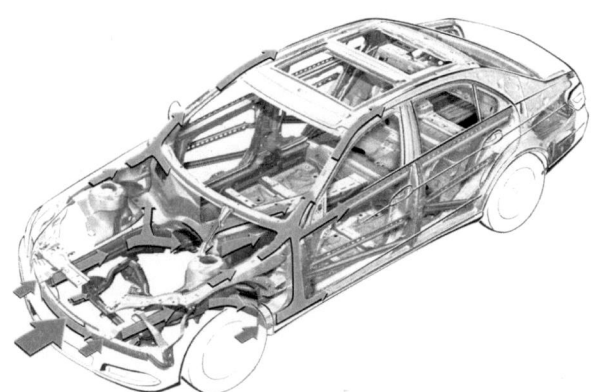

Bild 3.8: *Lastpfade zur Einleitung der Kräfte in die Rohkarosserie infolge eines Unfalls der E-Klasse von Mercedes-Benz aus KOHLER ET AL. [53]*

Sollte der Unfall mit widerstandsfähigen Gegenständen erfolgen, werden Bauteile der zweiten Zone zum Selbst- und Kompatibilitätsschutz verformt. Ziel des Selbstschutzes ist die Erreichung einer für die Insassen gut verträglichen Beschleunigung. Dazu erfolgt eine gezielte Einleitung der Kräfte und anschließende Weiterleitung über möglichst viele und hochfeste parallel laufende Strukturen der Karosserie (siehe Bild 3.8). Durch die gewünschte Verformung der entsprechenden Bauteile kann somit die kinetische Energie kontrolliert abgebaut werden. Darüber hinaus wird die Anordnung der verschiedenen Aggregate im Motorraum mit dem Ziel eines größtmöglichen Deformationswegs optimiert. Der Kompatibilitätsschutz ist insbesondere für Kleinfahrzeuge bei Unfällen mit deutlich größeren Fahrzeugen nützlich. Dadurch gibt das größere Fahrzeug dem Kleinwagen etwas Deformationsweg ab, um auch für die Insassen des Kleinwagens die Beschleunigungen auf ein ertragbares Niveau zu begrenzen.

Die letzte Zone stellt den Überlebensraum der Insassen dar und ist gleichbedeutend mit der Fahrgastzelle. In diesem Bereich werden ultra hochfeste Materialien eingesetzt, die auch unter extremsten Krafteinwirkungen möglichst unverformt bleiben sollen und den Insassen den notwendigen Schutzraum zur Verfügung stellen. Somit kann auch in heftigen Unfällen mit großen Geschwindigkeiten die Überlebenschance erhöht und die Verletzungsschwere der Insassen reduziert werden.

3.3 Simulation der Unfallszenarien

Die in dieser Arbeit vorgestellte Methode wird basierend auf Unfallszenarien mit einem Pfahl als Hindernis entwickelt und verifiziert. Die Verwendung eines Pfahlhindernisses ist sowohl in der guten Modellabbildung als auch in der genauen messtechnisch erfassbaren Positionierung begründet. Darüber hinaus sind Pfahlunfälle aufgrund der nahezu punktuellen Einwirkung auf das Fahrzeug besonders aggressiv und ziehen in vielen Fällen schwere oder gar tödliche Verletzungen nach sich. Daher besteht insbesondere in dieser Unfallkategorie ein Handlungsbedarf (siehe BERG [8] und STATISTISCHES BUNDESAMT [103]).

Der abgebildete Pfahl in den Simulationen besitzt die Abmessungen des Pfahls aus dem Euro NCAP und hat folglich einen Durchmesser von 254 mm. Zudem ist der Pfahl starr und fest in der Fahrbahn verankert. Die Verankerung führt dazu, dass die bevorstehende Geschwindigkeitsänderung infolge des Aufpralls stets der Fahrgeschwindigkeit des Fahrzeugs entspricht. Im weiteren Verlauf wird diese Geschwindigkeit als Aufprallgeschwindigkeit bezeichnet und entspricht der bevorstehenden Geschwindigkeitsänderung.

3.3 Simulation der Unfallszenarien

Die Methode wird so ausgelegt, dass mithilfe von KNN alle beliebigen und somit auch unbekannten Unfallszenarien mit einem frontal vor dem Fahrzeug befindlichen Pfahl die drei Unfallparameter Aufprallgeschwindigkeit in Fahrzeuglängsrichtung und -querrichtung sowie Pfahlposition bestimmt werden können. Dazu ist eine Vielzahl von Simulationen notwendig, in denen diese Unfallparameter entsprechend variiert werden. In Bild 3.9 sind 13 verschiedene Pfahlpositionen dargestellt, für die die Unfälle simuliert werden. Die beiden äußeren Pfahlpositionen sind so gewählt, dass sich diese leicht außerhalb der Längsträger befinden. Alle weiteren Pfahlpositionen befinden sich dazwischen und weisen einen nahezu konstanten Abstand zueinander auf (siehe Tabelle 3.2, Zeile 2). Der Abstand zwischen der Fahrzeugfront und dem äußeren Rand des Pfahls beträgt stets 5 mm. Somit kann die benötigte Berechnungsdauer möglichst gering gehalten und zudem für alle Unfallszenarien ein nahezu identischer Zeitbereich ausgewertet werden. Ein geringerer Abstand ist nicht möglich, da es sonst zum Versagen des Kontaktalgorithmus kommen kann, mit den in Unterabschnitt 2.1.4 ausgeführten Folgen.

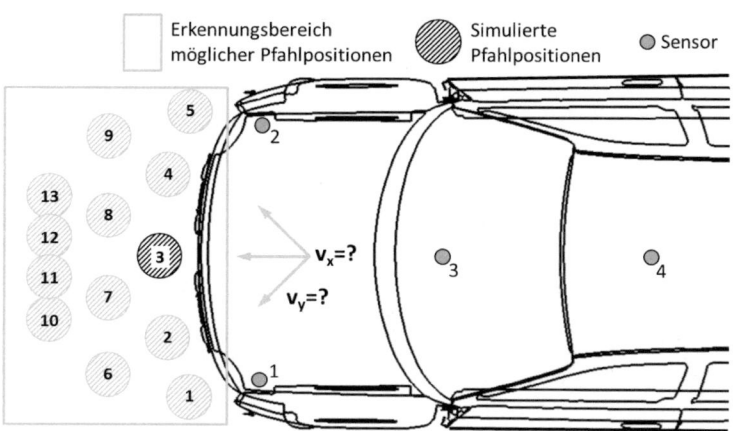

Bild 3.9: Unfallszenarien für das spätere Training und Testen der KNN

Neben der Variation der Pfahlposition wird ein Geschwindigkeitsbereich von 18 km/h bis 60 km/h untersucht. Die obere Geschwindigkeit von 60 km/h ist für einen Pfahlaufprall sehr hoch und führt zu einer sehr großen Verformung der Rohkarosserie. Zudem treten bereits Verformungen im Bereich der Fahrgastzelle auf, wodurch der Schutz der Insassen deutlich verschlechtert wird. Das Geschwindigkeitsband wird mit 14 Stützstellen aufgeteilt, wodurch sich Geschwindigkeitssprünge von 3 bis 4 km/h ergeben (siehe Tabelle 3.2, Zeile 1).

Zuletzt wird der Aufprallwinkel zwischen -80° und 80° variiert. Der Winkel wird dabei entsprechend Bild 3.9 zwischen der Fahrzeuglängsachse und der Bewegungsgeschwindigkeit des Fahrzeugs gemessen. Insgesamt werden 19 verschiedene Aufprallwinkel simuliert, wobei die Schrittweite meist 10° beträgt (siehe Tabelle 3.2, Zeile 3).

Tabelle 3.2: Übersicht der simulierten Unfallparameter

Aufprallgeschwindigkeiten in km/h	18	21	24	27	30	33	36
	40	44	47	50	53	56	60
Pfahlpositionen 1 bis 13 in mm von Fahrzeuglängsachse gemessen	±650	±400	0	±550	±200	±300	±100
Aufprallwinkel in °	0	±10	±20	±30	±40	±45	±50
	±60	±70	±80				

Insgesamt sind 3458 Simulationen durchzuführen. Daher werden von jedem Unfallszenario ausschließlich die ersten 30 ms simuliert, um somit den Berechnungsaufwand zu begrenzen. Dieser Zeitraum ist vollkommen ausreichend, da die Auslösung der Rückhaltesysteme bei den meisten Frontalunfällen bereits innerhalb dieser Zeitspanne erfolgen muss (siehe Tabelle 3.1). Folglich muss die hier vorgestellte Methode ebenfalls nach dieser Zeitdauer eine Unfallklassifizierung erfolgreich durchführen können, da die Erkenntnis zu einem späteren Zeitpunkt von deutlich geringerem Interesse ist.

Die große Anzahl an Variationen der drei Unfallparameter ist dadurch begründet, dass nur so die Eignung der KNN zur Klassifizierung von Unfallszenarien untersucht werden kann. Es muss beispielsweise ausgewertet werden, wie groß die Dichte des jeweiligen Unfallparameters während des Trainings sein sollte, um auch für unbekannte Unfallszenarien eine erfolgreiche Klassifizierung durchführen zu können. Auf diesen Punkt wird jedoch ausführlich bei der Darstellung der Ergebnisse in Kapitel 5 eingegangen.

4 Signalverarbeitung und Aufbau der künstlichen neuronalen Netze

In den folgenden beiden Abschnitten wird zum einen in Abschnitt 4.1 auf die Verarbeitung der Sensorsignale eingegangen, die mithilfe der FE-Gesamtfahrzeugsimulationen gewonnen werden. Im Wesentlichen werden dabei zeitabhängige Beschleunigungssignale betrachtet. Es wird sowohl die Notwendigkeit als auch die Art der Signalverarbeitung ausführlich erläutert. Zum anderen wird im zweiten Abschnitt des Kapitels die Erstellung der KNN im Detail beschrieben. Hierbei wird getrennt voneinander sowohl auf die Topologie als auch auf die Auswahl der Lernstrategie und des Trainingsalgorithmus eingegangen.

4.1 Verarbeitung der Simulationssignale

Im folgenden Abschnitt wird auf die Signalverarbeitung eingegangen, wobei die Signale aus den FE-Gesamtfahrzeugsimulationen gewonnen werden. Zuerst wird in Unterabschnitt 4.1.1 aufgezeigt, welche Erkenntnisse die Beschleunigungssignale liefern und wieso eine Wavelettransformation dieser Signale sinnvoll ist. In diesem Zusammenhang wird noch einmal im Detail auf die Ergebnisse der Wavelettransformation eingegangen. Im Anschluss werden in Unterabschnitt 4.1.2 zusätzliche Eingangsgrößen für die spätere Unfallparameterabschätzung beschrieben. Es handelt sich hierbei zum einen um den angenäherten Beschleunigungsanstieg unmittelbar nach dem Hinderniszusammenstoß und zum anderen um die Gierrate des FE-Gesamtfahrzeugmodells. Abschließend wird im dritten Unterabschnitt auf die notwendige Verarbeitung der Wavelettransformierten eingegangen, damit diese letztendlich als Eingangsgrößen für das KNN genutzt werden können.

4.1.1 Erkenntnisse aus den Beschleunigungssignalen und den zugehörigen Wavelettransformierten

Vornehmlich werden die Beschleunigungssignale verschiedener Sensoren verwendet, welche mithilfe der Wavelettransformation weiterverarbeitet werden. Die Auswahl der Sensoren, deren Beschleunigungssignale genutzt werden, erfolgt nach zwei Gesichtspunkten. Zum einen sollen primär Signale benutzt werden, die mit den in modernen Fahrzeugen bereits vorhandenen Sensoren gewonnen werden können. Diese Vorgabe führt auch zum zweiten Gesichtspunkt, dass die notwendige Sensoranzahl möglichst gering sein soll.

In Abhängigkeit des Unfallszenarios zeichnen die Sensoren unterschiedliche Beschleunigungsverläufe auf. Ein einleitendes Beispiel ist in Bild 4.1 gezeigt, wobei zur besseren Einführung das Beschleunigungssignal des Tunnelsensors über 150 ms aufgetragen ist und somit den gesamten Unfall abdeckt. Es sei bereits angemerkt, dass im weiteren Verlauf lediglich die ersten 10 ms nach dem Pfahlaufprall betrachtet werden. Das dargestellte Beschleunigungssignal ist zudem die Folge eines Aufpralls mit 36 km/h gegen ein Pfahlhindernis, das sich mittig auf Position 3 vor dem Fahrzeug befindet.

Zur besseren Darstellung und Weiterverarbeitung wird das Beschleunigungssignal mithilfe eines CFC60-Filters deutlich geglättet. Bei dem eingesetzten Filter handelt es sich um einen *Channel-Frequency-Class-Filter* mit 60 Hz. Die Eckfrequenz beträgt 100 Hz. Der verwendete Filter wird gewählt, weil er sich gemäß der SAE [99] gut zum Filtern von Unfallbeschleunigungssignalen der Fahrgastzelle eignet.

Im Folgenden wird eine detaillierte Beschreibung des Beschleunigungssignals aus Bild 4.1 vorgenommen. Zudem werden die für den Signalverlauf ursächlichen Vorgänge im Motorraum genannt. In dem Beschleunigungssignal aus Bild 4.1 ist in den ersten 37 ms bei verhältnismäßig geringen Schwingungen ein moderater Anstieg auf 7 a_0 festzustellen. Hierbei ist a_0 ein Beschleunigungswert, mit der die Beschleunigungen in eine dimensionslose Form überführt werden. In dieser Phase des Unfalls kommt es nach dem Aufprall gegen das Pfahlhindernis zur Verformung der Stoßstange, der Motorhaube und des Rahmens des Motorraums. Aufgrund der mittigen Position des Pfahls biegen sich zudem die mit der Stoßstange verbundenen Längsträger nach innen. Weitere bedeutende Ereignisse in diesen ersten 37 ms des Unfalls sind zum einen der Zusammenstoß der Stoßstange mit dem Kühler, der sich nach etwa 12 ms ereignet und somit ursächlich für den geringen Anstieg der Beschleunigung zu diesem Zeitpunkt ist. Zum anderen prallt der Kühler nach 24 ms gegen den Motor und verursacht somit den ersten steileren Beschleunigungsanstieg auf 7 a_0.

Der markante Anstieg der Beschleunigung nach etwa 37 ms ist der Tatsache geschuldet, dass ab diesem Zeitpunkt der Motor verschoben wird und die verhältnismäßig steifen Abgaskrümmer verformt werden. Zudem ist der Motor über die Motorlager stark mit den Längsträgern im Vorderwagen verbunden. Insbesondere diese Verformungen führen zum starken Anstieg der Beschleunigung auf 40 a_0 im Zeitintervall von 37 ms bis 44 ms. Der letzte Beschleunigungsanstieg nach 44 ms wird durch dem Aufprall des Motors gegen die Spritzwand der Fahrgastzelle verursacht. Aufgrund der hohen Steifigkeiten aller nun beteiligten Fahrzeugteile kommt es in den nächsten gut 10 ms zu einer abrupten Abbremsung des Fahrzeugs und einer Beendigung des Unfalls nach etwa 60 ms. Alle folgenden Beschleunigungsschwingungen sind auf die Elastizität der verformten Fahrzeugteile zurückzuführen.

Die Verwendung des zeitlichen Beschleunigungsverlaufs als Eingangsgröße für die KNN ist nur schwer möglich. Insbesondere ist dies der Fall, wenn möglichst wenige Neuronen in der Eingangsschicht vorhanden sein sollen. Darüber hinaus enthält die Zusammensetzung der Frequenzanteile im Zeitsignal Informationen, die zur Erzielung besserer Ergebnisse genutzt werden können. Um sowohl auf Informationen des Zeitsignals als auch des Frequenzsignals zurückgreifen zu können, werden die Beschleunigungssignale wavelettransformiert. Die beiden Informationsanteile in Abhängigkeit der Zeit erfordern eine dreidimensionale Darstellung. Um dennoch eine Darstellung in der Ebene zu ermöglichen, wird der Betrag der Waveletkoeffizienten mithilfe einer Grauskala von schwarz bis weiß dargestellt.

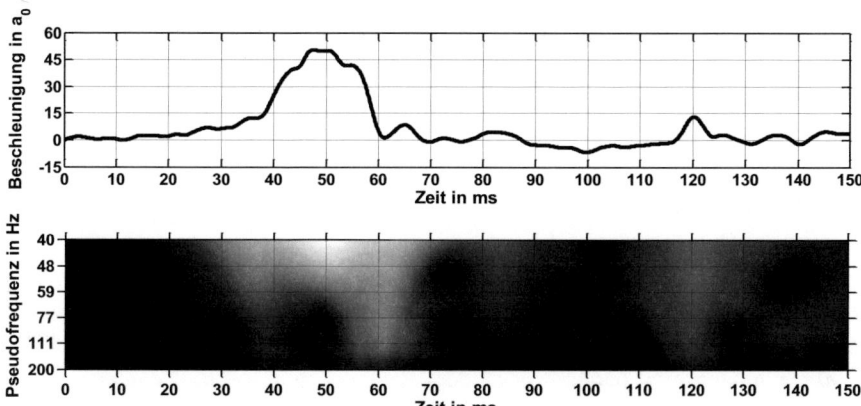

Bild 4.1: Beschleunigungsverlauf des Tunnelsensors in x-Richtung beim Aufprall gegen einen Pfahl auf Position 3 mit 36 km/h und die zugehörige Wavelettransformierte

Im unteren Bereich von Bild 4.1 ist der Betrag der zum Beschleunigungsverlauf zugehörigen Wavelettransformierten abgebildet. Bereiche geringer Schwingungsamplituden sind schwarz dargestellt und Bereiche großer Amplituden entsprechend in Weiß. Besonders deutlich ist der große Beschleunigungsanstieg zu erkennen, dessen Scheitelpunkt bei 48 ms liegt. Die Frequenz dieses Anstiegs kann berechnet werden und beträgt etwa 25 Hz. Es handelt sich somit um einen verhältnismäßig niederfrequenten Signalanteil. Dieser ist auf der höchsten betrachteten Skala, die gleichzeitig die niedrigste Frequenz von 40 Hz abbildet, maximal. Dies ist gut an der hellsten Stelle in der Darstellung des Betrags der Wavelettransformierten zu erkennen. Aber auch die höherfrequenten Schwingungen mit kleineren Amplituden, die beispielsweise um die Zeitpunkte von 30 ms, 85 ms oder 120 ms auftreten, werden gut von der Wavelettransformierten wiedergegeben. Eine deutlich bessere graphische Darstellung ist zudem zu erzielen, wenn die Wavelettransformierte mit einer anderen Farbskala dargestellt wird. Besonders gut eignet sich dazu die MATLAB interne Farbskala mit der Bezeichnung *Jet*, die Ergebnisse von blau bis rot darstellt (siehe FISCHER [30] und MEYWERK [69]).

Die graphischen Erkenntnisse aus der abgebildeten Wavelettransformierten erklären zudem die Festlegung der Skalen- oder Frequenzgrenzen, die im Folgenden betrachtet werden. Trotz der Tatsache, dass die markante Beschleunigungsspitze im Zeitintervall um 48 ms lediglich eine Frequenz von 25 Hz besitzt und somit gar nicht im Bereich der betrachteten Frequenzen liegt, ist dies die hellste Stelle in der Abbildung. Folglich werden für diesen Bereich die größten Waveletkoeffizienten berechnet. Begründet ist dies in der unscharfen Phasenraumdarstellung der Wavelettransformierten, die dazu führt, dass auch umliegende Skalen mitbeeinflusst werden. Sehr störend wäre diese Eigenschaft, wenn Frequenzen berücksichtigt werden würden, die deutlich unterhalb von 40 Hz liegen. Dies ist im allgemeinen Verlauf eines Unfallimpulses begründet, wobei als Unfallimpuls der gesamte Beschleunigungsverlauf im oberen Teil von Bild 4.1 bezeichnet wird. Unabhängig von der Aufprallgeschwindigkeit dauert ein Unfall meist zwischen 80 und 120 ms. Dieser Impuls ähnelt bei einigen Unfällen der halben Periode einer Schwingung und somit ergibt sich eine Frequenz von 4 bis 6 Hz. Diese Frequenz ist so dominant, dass stets die maximalen Waveletkoeffizienten für diesen Frequenzbereich berechnet werden. Darüber hinaus wird dadurch besonders stark der umliegende Frequenzbereich beeinflusst, was in der graphischen Darstellung stets zu einem stark ausgeprägten weißen Rand führen würde. Zudem würden Schwingungsanteile in höheren Frequenzen aufgrund der stark unterschiedlichen Wertebereiche der Waveletkoeffizienten, die sich um 2 bis 3 Zehnerpotenzen voneinander unterscheiden, nahezu ausgelöscht werden.

Die obere Grenze von 200 Hz des betrachteten Frequenzbereichs wird aufgrund des verwendeten CFC60-Filters gewählt. Wie bereits erläutert, besitzt ein CFC60-Filter eine Eckfrequenz von 100 Hz. Die Wahl einer oberen Grenze von 200 Hz ist jedoch zwei anderen Merkmalen geschuldet. Zum einen sind auch oberhalb dieser Grenzfrequenz noch höherfrequente Anteile im Signal enthalten, die ebenfalls erfasst werden sollen. Zum anderen wird aber insbesondere der hohe Frequenzbereich von der Wavelettransformation schlecht aufgelöst, da die benachbarten Skalen sehr große Frequenzsprünge darstellen (siehe Bild 4.1, unten). Um dennoch hochfrequente Signalanteile gut abbilden zu können, wird die Eigenschaft der verschmierten Darstellung über mehrere Skalen an dieser Stelle zum Vorteil ausgenutzt.

Es ist bereits mehrmals erwähnt worden, dass das Ziel der Methode eine möglichst frühe Klassifizierung von Unfallszenarien ist. Folglich ist nicht das gesamte Beschleunigungssignal des Unfalls, wie es in Bild 4.1 gezeigt ist, von Interesse. Vielmehr sollen die benötigten Informationen aus den ersten 10 ms der Beschleunigungssignale gewonnen werden. Inwieweit sich die Beschleunigungssignale des Tunnelsensors in diesem Zeitfenster voneinander unterscheiden, ist in Bild 4.2 und Bild 4.3 gezeigt. Die verschiedenen Beschleunigungsverläufe resultieren ausschließlich aus der variierenden Aufprallgeschwindigkeit, da es sich stets um einen geraden Aufprall gegen den mittleren Pfahl auf Position 3 handelt. Im Anschluss werden die Beschleunigungssignale und die zugehörigen Wavelettransformierten miteinander verglichen.

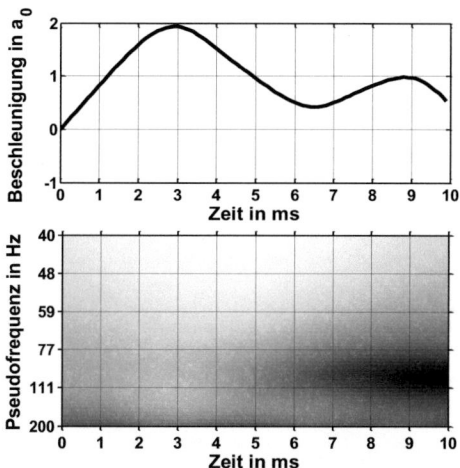

Bild 4.2:   Beschleunigungssignal des Tunnelsensors in x-Richtung während der ersten 10 ms beim Aufprall gegen einen Pfahl auf Position 3 mit 36 km/h

Infolge des Aufpralls mit 36 km/h gegen den mittig vor dem Fahrzeug positionierten Pfahl steigt die Beschleunigung in den ersten 3 ms nahezu linear auf 2 a_0 an (siehe Bild 4.2). Nach diesem ersten impulsartigen Aufprall der Stoßstange gegen das Pfahlhindernis fällt die Beschleunigung ab und schwingt in den nächsten 7 ms um einen Wert von 0,75 a_0. Sehr deutlich wird der Beschleunigungsimpuls durch einen hellen Bereich in der Darstellung der Wavelettransformierten im unteren Teil von Bild 4.2 wiedergegeben. Dieser Bereich erstreckt sich im Zeitintervall von 2 bis 5 ms und im Frequenzintervall von 40 bis 60 Hz und 100 bis 200 Hz. Weiterhin ist der sehr dunkle Bereich von 6 bis 10 ms im Frequenzbereich um 90 Hz auffallend.

Im Vergleich zum Aufprall mit 36 km/h gegen das Pfahlhindernis auf Position 3 ist in Bild 4.3 der sich ergebende Beschleunigungsverlauf beim Aufprall mit 56 km/h dargestellt. Aufgrund der veränderten Aufprallgeschwindigkeit ergeben sich Änderungen im Beschleunigungsverlauf. Zum einen ist eine Stauchung der ersten 6,5 ms des Beschleunigungssignals aus Bild 4.2 festzustellen. Dadurch befindet sich das erste Maximum des Tunnelsignals etwas früher bei 2,7 ms und das erste Minimum bei 6 ms. Neben der Stauchung erhöht sich das Beschleunigungsmaximum um 20 % auf etwa 2,4 a_0. Deutlich auffälliger sind die sich daraus ergebenden Auswirkungen auf die Wavelettransformierte. Zum einen ist der Bereich infolge der ersten Beschleunigungsspitze im Frequenzbereich um 110 Hz deutlich markanter ausgeprägt und zudem ist es der hellste Bereich in der gesamten Darstellung. Folglich werden für diesen Bereich die größten Waveletkoeffizienten berechnet. Aufgrund der Auswirkungen auf die zeitlich benachbarten Bereiche ist ferner der dunkle Bereich im hinteren Zeitfenster um 9 ms im gleichen Frequenzintervall deutlich schwächer ausgebildet als es in Bild 4.2 der Fall ist.

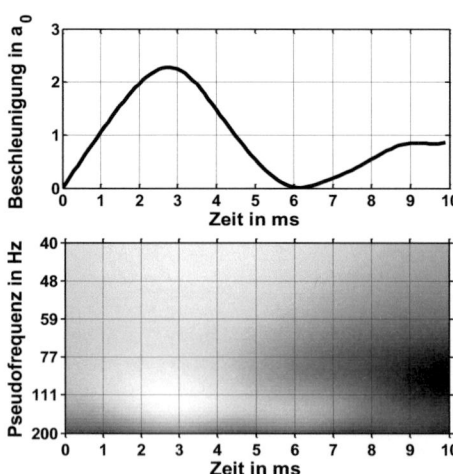

Bild 4.3:   Beschleunigungssignal des Tunnelsensors in x-Richtung während der ersten 10 ms beim Aufprall gegen einen Pfahl auf Position 3 mit 56 km/h

Die vorgestellten Änderungen in den Wavelettransformierten aufgrund unterschiedlicher Aufprallgeschwindigkeiten bei gleichbleibender Pfahlhindernisposition sind nach einer notwendigen Diskretisierung, die Bestandteil von Unterabschnitt 4.1.3 ist, noch deutlicher. Gleiche Erkenntnisse sind auch zu gewinnen, wenn Unfallszenarien mit gleichbleibender Aufprallgeschwindigkeit aber Pfahlhindernissen auf unterschiedlichen Positionen miteinander verglichen werden. Insbesondere auf die Beschleunigungssignale und somit auf die zugehörigen Wavelettransformierten der beiden Up-Front-Sensoren, die sich an den Längsträgern befinden, hat die Position des Hindernisses starke Auswirkungen.

Wie bereits in Unterabschnitt 3.3 erwähnt, können die besten Ergebnisse mithilfe der Signale der von 1 bis 3 nummerierten Sensoren in Bild 3.9 gewonnen werden. Zudem werden lediglich die ersten 10 ms betrachtet. Diese Erkenntnisse sind bereits in ausführlichen Voruntersuchungen festgestellt worden.

Es ist gezeigt worden, dass sich die Wavelettransformierten in Abhängigkeit der drei Unfallparameter Aufprallgeschwindigkeit, Hindernisposition und Aufprallwinkel voneinander unterscheiden. Allerdings enthält jede der in Bild 4.2 und Bild 4.3 dargestellten Wavelettransformierten 10.000 Waveletkoeffizienten. Somit sind die Wavelettransformierten in dieser Form als Eingangsparameter für KNN nicht geeignet und es ist eine Weiterverarbeitung in Form einer Diskretisierung notwendig. Diese Diskretisierung ist für alle Wavelettransformierten durchzuführen und wird ausführlich in Unterabschnitt 4.1.3 beschrieben.

4.1.2 Verwendung der Gierrate und des Anstiegs der Beschleunigungssignale

Eine bessere Klassifizierung der Unfallszenarien kann erzielt werden, wenn neben den wavelettransformierten Beschleunigungssignalen auch weitere Eingangsgrößen verwendet werden. Die beiden ausgewerteten und verwendeten Größen sind einerseits die Gierrate des Fahrzeugmodells und andererseits der angenäherte Anstieg der Beschleunigungssignale der oben genannten drei Sensoren.

Die Gierrate wird in einem realen Fahrzeug mithilfe des Gierratensensors, der wesentlicher Bestandteil des ESP ist, ermittelt. Der Gierratensensor ist mit dem Airbagsteuergerät verbunden, welches sich im Tunnel der Fahrgastzelle befindet und aus den Gierratensensorsignalen die Gierrate berechnet. Die Gierrate ist somit eine Größe, die einem modernen Fahrzeug zur Verfügung steht und ohne Mehraufwand zur Klassifizierung von Unfallszenarien genutzt werden kann.

Mithilfe der Gierrate lassen sich deutliche Rückschlüsse sowohl auf die Position des Hindernisses als auch auf die Aufprallgeschwindigkeit ziehen. Begründet ist dies im Wesentlichen in der Lage des Fahrzeugschwerpunkts SP_{Fzg}, der sich nahezu mittig auf der Fahrzeuglängsachse befindet (siehe Bild 4.4). Bei einem Aufprall gegen ein Pfahlhindernis, das sich beispielsweise auf den Positionen 1 oder 5 und somit sehr weit außen befindet, führt der große Hebelarm zum Schwerpunkt zu einer starken Schleuderbewegung des Fahrzeugs. Je näher das Pfahlhindernis in Richtung der Fahrzeugmitte rückt, desto geringer fällt die Schleuderbewegung aus. Bei einem Unfall gegen den Pfahl in der mittigen Position 3 ist kein Hebelarm zum Fahrzeugschwerpunkt vorhanden und somit wird das Fahrzeug nicht anfangen zu schleudern.

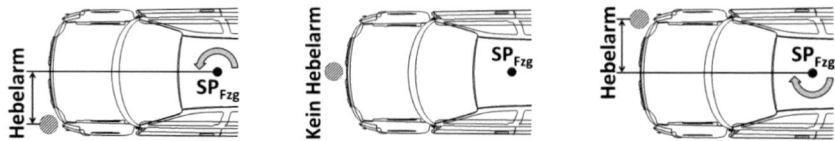

Bild 4.4:   Auswirkung der Pfahlposition auf die Gierbewegung des Fahrzeugs

Eine hohe Aufprallgeschwindigkeit verstärkt das Schleudern des Fahrzeugs. Somit sind im Umkehrschluss auch Rückschlüsse von der Gierrate auf die Aufprallgeschwindigkeit möglich, insbesondere wenn die gewonnenen Erkenntnisse aus den Beschleunigungssignalen ebenfalls genutzt werden.

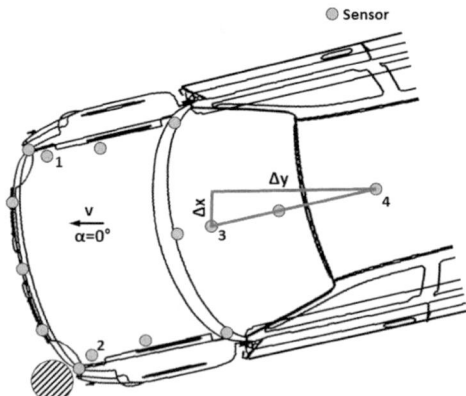

Bild 4.5:   Berechnung der Gierrate über zwei Sensoren des FE-Gesamtfahrzeugmodells

Die Bestimmung der Gierrate im Rahmen der FE-Gesamtfahrzeugsimulationen erfolgt über einen Umweg. Es werden die x- und y-Koordinaten von zwei Sensoren ausgewertet, die im Bereich des Fahrgastzellentunnels definiert wurden (siehe Bild 4.5). In einem weiteren Schritt kann der sich einstellende Winkel zwischen diesen beiden Sensoren durch

$$\varphi(t) = \arctan \frac{\Delta x(t)}{\Delta y(t)} \tag{4.1}$$

berechnet werden. Es ist jedoch darauf zu achten, dass der anfängliche Winkel, der sich aufgrund der schrägen Positionierung der beiden Sensoren zueinander einstellt, stets abzuziehen ist. Die Gierrate $\dot\varphi$ wird im anschließenden Schritt durch Differenzierung des Gierwinkels nach der Zeit t bestimmt.

Eine weitere Verbesserung der Ergebnisse ist möglich, wenn als weitere Ergänzung eine Näherung des Beschleunigungsanstiegs unmittelbar nach dem Zusammenprall mit dem Hindernis berücksichtigt wird. Unmittelbar nach dem Zusammenprall heißt in diesem Fall innerhalb der ersten 3 ms. Die Berechnung des Beschleunigungsanstiegs $\bar{a}$, der auch als Ruck bezeichnet wird, ist durch

$$\bar{a} = \frac{a(t = 3 \text{ ms}) - a(t = 0 \text{ ms})}{3 \text{ ms}} \tag{4.2}$$

möglich, wobei sich die anfängliche Beschleunigung des gefilterten Signals meist zu Null ergibt. Die angenäherten Beschleunigungsanstiege der drei Sensoren sind insbesondere für die Abschätzung der Aufprallgeschwindigkeit wichtig. Zudem sind die Größen aus den Simulationen zu gewinnen. Aber auch in realen Fahrzeugen ist eine Bestimmung möglich, wenn stets ein Zeitfenster von wenigen Millisekunden der Sensorsignale aufgezeichnet wird. Nach dem Detektieren eines Unfalls kann mit den zurückliegenden Informationen der angenäherte Beschleunigungsanstieg infolge des Aufpralls berechnet werden. Darüber hinaus können die angenäherten Beschleunigungsanstiegswerte ohne eine weitere Verarbeitung genutzt werden. Wie später gezeigt wird, sind dazu drei zusätzliche Eingangsneuronen notwendig.

4.1.3 Diskretisierung der Wavelettransformierten

Es ist bereits mehrfach angesprochen worden, dass als wesentliche Eingangsgrößen für die neuronalen Netze Beschleunigungssignale verwendet werden, die dazu wavelettransformiert sind. Zudem werden die Wavelettransformierten im Zeit- und Frequenzbereich sehr grob diskretisiert. Dies ist insbesondere der Tatsache geschuldet, dass möglichst wenig Eingangsneuronen angestrebt, aber dennoch möglichst viele Informationen berücksichtigt werden sollen.

Die Vorteile der Wavelettransformation sind in Unterabschnitt 4.1.1 ausführlich dargelegt worden. Allerdings bestehen die quasikontinuierlichen Wavelettransformierten aus 10.000 Waveletkoeffizienten und jeder Waveletkoeffizient müsste durch ein Eingangsneuron in das KNN eingeleitet werden. Die große Anzahl an Waveletkoeffizienten resultiert aus der Multiplikation der Spalten, die den Zeitbereich mit einer Schrittweite von 0,1 ms abbilden und sich somit bei einem Zeitbereich von 10 ms zu 100 ergeben, mit den Zeilen, die jeweils eine der betrachteten 100 Skalen repräsentieren. Somit sind diese Ergebnisse für die Verwendung als Eingangsparameter ebenfalls ungeeignet. Um dem Anspruch, möglichst wenige Eingangsneuronen einzusetzen, gerecht zu werden, ist demzufolge eine Diskretisierung notwendig. Sowohl das Vorgehen bei der Diskretisierung als auch die Vor- und Nachteile werden im Folgenden genauer erläutert.

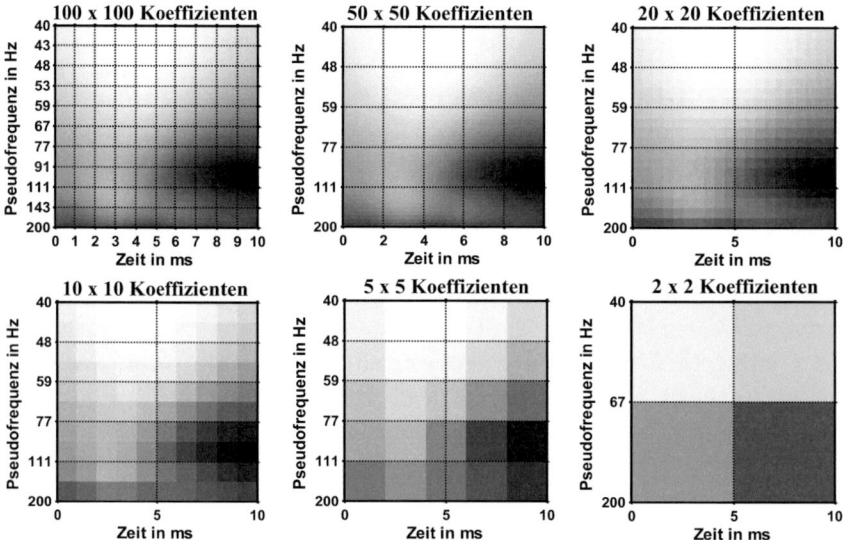

Bild 4.6:   Diskretisierung der originalen Wavelettransformierten mit 100 x 100 Waveletkoeffizienten auf 2 x 2 Waveletkoeffizienten

Die Waveletkoeffizienten des wavelettransformierten Signals werden sowohl im Zeit- als auch Frequenzbereich diskretisiert. Dazu wird über ein entsprechend definiertes Raster der Mittelwert der im Raster enthaltenen Waveletkoeffizienten gebildet. Einige mögliche Diskretisierungsvarianten des wavelettransformierten Beschleunigungssignals aus Bild 4.2 werden in Bild 4.6 gezeigt, wobei oben links mit 100 x 100 Waveletkoeffizienten die feinste Auflösung und unten rechts mit 2 x 2 Waveletkoeffizienten die gröbste dargestellt werden. Der abgebildete

Grauwert entspricht dem im Zeit- und Frequenzbereich gemittelten normierten Betrag des Waveletkoeffizienten. Es ist deutlich sichtbar, dass bei den feinen Diskretisierungen das ursprüngliche Ergebnis noch gut zu erkennen ist. Mit steigendem Diskretisierungsgrad gehen zunehmend Informationen verloren, und das ursprüngliche Ergebnis ist bestenfalls noch zu erahnen.

Die durchgeführte Normierung der Waveletkoeffizienten erfolgt ausschließlich aus Darstellungsgründen. Als spätere Eingabeparameter dienen die tatsächlichen Waveletkoeffizienten, die sich in Abhängigkeit der Amplitude des Beschleunigungs- oder Gierratensignals ergeben. Somit muss vor der Speicherung der Waveletkoeffizienten eine Rückrechnung mithilfe der während der Normierung gespeicherten Minimal- und Maximalwerte der Waveletkoeffizienten erfolgen.

Die Verarbeitung der gewonnenen Signale aus den FE-Gesamtfahrzeugsimulationen der verschiedenen Unfallszenarien und die daraus resultierende Gewinnung der Eingabemuster gelingt halbautomatisch mittels MATLAB. Im Einzelnen werden die Signale eingelesen, wavelettransformiert und durch eine vorgegebene Anzahl an Pixeln im Zeit- und Frequenzbereich diskretisiert. Anschließend werden die normierten Ergebnisse der Wavelettransformation zu Prüfungszwecken dargestellt und die nicht normierten Waveletkoeffizienten in der späteren Eingabematrix spaltenweise gespeichert. In Abhängigkeit der auszuwertenden Unfallszenarien besteht die Eingangsmatrix aus 182 bis 3276 Spalten, wobei jede Spalte ein Unfallszenario abbildet. Die Anzahl der Zeilen der Eingabematrix hängt von der Anzahl an verwendeten Signalen und dem Diskretisierungsgrad der wavelettransformierten Signale ab.

Im Rahmen ausführlicher Voruntersuchungen ist der Einfluss des Diskretisierungsgrads auf die Unfallparameterabschätzung gezielt betrachtet worden. Da für jeden Waveletkoeffizienten ein Eingangsneuron notwendig ist, kommen nur grobe Diskretisierungsstufen in Betracht. Die Ergebnisse der Trainingsszenarien, die mit Eingangsmustern bestehend aus 5 x 5, 3 x 3 oder 2 x 3 Waveletkoeffizienten gewonnen werden, unterscheiden sich nur geringfügig. Allerdings ist bei feineren Eingangsnetzen eine schlechtere Generalisierungsfähigkeit für die unbekannten Testszenarien festzustellen. Daher sind alle Untersuchungen, die in Kapitel 5 vorgestellt werden, mit einem Diskretisierungsgrad von 2 x 2 Waveletkoeffizienten durchgeführt worden. Zudem ist das Training von kleineren Netzen deutlich schneller.

Ein weiterer Grund für die sehr grobe Diskretisierung der Beschleunigungssignale mit 2 x 2 Waveletkoeffizienten ist, dass zumindest von zwei Sensoren Signale zur Positionsbestimmung benötigt werden. Diese beiden Sensoren müssen sich links und rechts von der Fahrzeuglängsachse, beispielsweise an den Längsträgern, befinden. Eine weitere Verbesserung lässt sich erzielen, wenn ein dritter Sensor berücksichtigt wird, der sich im FE-Modell in der Nähe des realen Airbagsteuergeräts befindet. Somit werden allein zur Abbildung dieser drei Sensorsignale bereits zwölf Eingangsneuronen benötigt. Die Notwendigkeit, Signale von verschiedenen Sensoren zu nutzen, die sich an unterschiedlichen Orten im Fahrzeug befinden, ist in der variablen Steifigkeit des Fahrzeugs begründet. Das Fahrzeug verhält sich beispielsweise deutlich steifer, wenn das Pfahlhindernis beim Aufprall in Verlängerung der Längsträger steht. Wesentlich weniger steif ist das Verhalten, wenn sich das Pfahlhindernis mittig vor dem Fahrzeug befindet. In diesem Fall muss die Aufprallenergie über den quer beanspruchte Querträger auf die Längsträger geleitet werden, wobei diese deutlich leichter zu verformen sind und somit weniger kinetische Energie in Verformungsenergie umgewandelt wird. Infolgedessen resultieren aus den verschiedenen Pfahlpositionen unterschiedliche Verformungsverhalten des Fahrzeugs.

Aufgrund des sehr komplexen Verformungsverhaltens des Fahrzeugs werden zur Bestimmung der Unfallparameter weitere Eingangsgrößen, wie der angenäherte Beschleunigungsanstieg oder die wavelettransformierte Gierrate, verwendet. Dadurch werden die Ergebnisse deutlich verbessert. Folglich wird ein Teil der eingesparten Eingangsneuronen für andere Eingangsinformationen genutzt, die wesentlich bedeutender sind als eine größere Anzahl an Pixeln in der Auflösung der wavelettransformierten Beschleunigungssignale.

4.2 Erstellung der künstlichen neuronalen Netze

Innerhalb der folgenden Unterabschnitte wird sowohl das Vorgehen bei der Festlegung der Topologie als auch das anschließend notwendige Training des KNN beschrieben. Im Unterabschnitt 4.2.1 wird das Hauptaugenmerk bei der Beschreibung der Topologie des KNN auf die Anzahl der Neuronen in der verdeckten Schicht gelegt, da dies für die spätere Anwendung von großer Bedeutung ist. Zudem ist dies der einzige flexible Topologieparameter, nachdem die Eingabeparameter festgelegt worden sind.

Bei der Betrachtung des Trainings in Unterabschnitt 4.2.2 wird anfänglich erneut kurz auf die Auswahl des Lernalgorithmus eingegangen. Deutlich umfangreicher sind jedoch die Erläuterungen zu Schwierigkeiten, die während des Trainings auftreten können. Zudem wird gezeigt, wie diese Schwierigkeiten mithilfe geeigneter Maßnahmen vermieden werden können.

4.2.1 Festlegung der Netztopologie

Es sind bereits in Unterabschnitt 2.3.3 die wesentlichen Vorzüge der Feed-Forward-Netze erwähnt worden. Besonders hervorzuheben sind die gute Eignung zur Mustererkennung und das effizient zu gestaltende Training, wobei auf wichtige Voraussetzungen und Anmerkungen zum Training gezielt im nächsten Unterabschnitt 4.2.2 eingegangen wird. Insbesondere die guten Fähigkeiten bei der Mustererkennung führen zur Anwendung der Feed-Forward-Netze in dieser Arbeit. Die übereinstimmenden Erfahrungen aus Arbeiten, die ein ähnliches systematisches Vorgehen verfolgten, wie z.B. PRACNY [82] und NYUGEN [76], und die bereits zu Beginn der Untersuchungen erzielten Ergebnisse, bestätigten den gewählten Weg.

Nachdem die Klasse der eingesetzten KNN gewählt ist, muss die Topologie definiert werden. Die Topologie beschreibt im Wesentlichen die Struktur und die Ausrichtung der Verbindungen, die eine gemeinsame Verarbeitung der Eingangssignale verfolgen. Bei einem Feed-Forward-Netz reicht in der überwiegenden Anzahl der Fälle eine verdeckte Neuronenschicht aus. Die Fähigkeiten von Netzen mit mehreren verdeckten Schichten können weitgehend durch Netze mit einer größeren Anzahl von Neuronen in nur einer verdeckten Schicht erzielt werden. Somit bestehen die meisten Feed-Forward-Netze aus drei Schichten, die sich in eine Eingabe-, eine Ausgabe- und eine verdeckte Schicht unterteilen lassen.

Besonders einfach sind die Neuronenzahlen in der Eingabe- und der Ausgabeschicht festzulegen. Der Umfang beider Schichten wird durch äußere Vorgaben geregelt, und somit legen die äußeren Vorgaben bereits einen großen Teil der Topologie fest (siehe Bild 4.7). Es sei noch einmal darauf hingewiesen, dass jeder Eingangsparameter zwingend durch ein Eingangsneuron zu repräsentieren ist. Folglich ergibt sich die Anzahl der Neuronen in der Eingabeschicht zu zwölf, wenn drei wavelettransformierte Beschleunigungssignale verwendet werden, die durch 2 x 2 Pixel abgebildet werden. Die ebenfalls mit 2 x 2 Pixel dargestellten Ergebnisse der wavelettransformierten Gierrate erfordern weitere vier Eingangsneuronen und die angenäherten Beschleunigungsanstiege der drei Sensoren drei zusätzliche Eingangsneuronen. Dementsprechend hat ein KNN, das all diese Eingangsinformationen nutzen soll, zusammengenommen 19 Eingangsneuronen (siehe Bild 4.7).

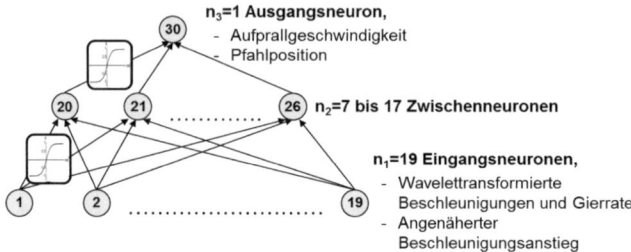

Bild 4.7: *Topologie und Aktivierungsfunktionen der eingesetzten KNN*

Im Rahmen der Untersuchungen wird ein KNN so trainiert, dass es für einen der drei Unfallparameter Aufprallgeschwindigkeit in Fahrzeuglängsrichtung oder -querrichtung oder Hindernisposition bestmögliche Ergebnisse liefert. Folglich besitzt das KNN ein Neuron in der Ausgabeschicht (siehe Bild 4.7). Begründet ist die separate Abschätzung der drei Unfallparameter darin, dass eine gemeinsame Abschätzung mehrerer Unfallparameter mit einem KNN deutlich schlechtere Ergebnisse liefert. Dies ist insbesondere der schlechteren Anpassung der Verbindungsgewichte geschuldet. Die Anzahl der verwendeten Trainingsszenarien bleibt gleich, aber es sind deutlich mehr Verbindungsgewichte anzupassen.

Die Anzahl der Neuronen in der verdeckten Schicht ist nicht durch äußere Vorgaben zu bestimmen und stark vom betrachteten Anwendungsfall und dessen Komplexität abhängig. Zudem ist zu berücksichtigen, dass die Anzahl der verdeckten Neuronen starke Auswirkungen auf den späteren Trainingserfolg hat. Daher sollte für jedes Problem eine optimale Anzahl an verdeckten Neuronen gewählt werden. Allerdings gibt es bisher keine algorithmischen Formeln, mit denen die Neuronenanzahl in der verdeckten Schicht berechnet werden kann (siehe JOOST [49]). Es gibt lediglich einige grobe Faustregeln, mit denen sich eine Einschränkung erzielen lässt, auf die zu einem späteren Zeitpunkt genauer eingegangen wird. Die Anzahl der Verbindungsgewichte, die unmittelbar von der Anzahl an Neuronen im KNN abhängt, repräsentieren die Freiheitsgrade des KNN. Für ein zielgerichtetes Training sollte das Verhältnis zwischen Trainingsmustern und Verbindungsgewichten zumindest ausgeglichen sein. So kann zum einen eine gute Abschätzung eines einzelnen Trainingsmusters und zum anderen eine gute Generalisierungsfähigkeit des Netzes erreicht werden. Gerade technische Anwendungen sind in vielen Fällen äußerst komplex und gleichzeitig stehen häufig zu wenige Trainingsmuster zur Verfügung (siehe AHREND [3]), was in ihrer schwierigen und aufwändigen Gewinnung begründet ist. Somit ist man bestrebt, möglichst einfache KNN zu erstellen und zu verwenden.

Alle Regeln zum Abschätzen der Neuronenanzahl sind ausschließlich in empirischen Erfahrungen begründet und berücksichtigen meist die Anzahl der Eingangs- und Ausgangsneuronen. Einige Vorgaben reichen von 0,3 bis 3 verdeckten Neuronen pro Neuron in der Eingabeschicht und erstrecken sich somit über einen sehr großen Wertebereich (siehe JOOST [49]). Andere Faustregeln schlagen vor, dass die Anzahl der verdeckten Neuronen dem geometrischen Mittel der Ein- und Ausgangsneuronen entsprechen soll (siehe AHREND [3]).

Im Rahmen der Untersuchungen in dieser Arbeit wird der Einfluss der verdeckten Neuronen aufgrund der äußerst unscharfen Abschätzungsregel mithilfe einer *Brute-Force-Methode* geprüft. Bei einer Brute-Force-Methode wird die Anzahl der verdeckten Neuronen in einem vorgegebenen Wertebereich variiert und die erzielten Ergebnisse werden miteinander verglichen. Auf den genauen Wertebereich wird zu einem späteren Zeitpunkt im Zuge der Ergebnisdarstellungen in Kapitel 5 eingegangen.

Im letzten Schritt bei der Festlegung der Topologie des KNN werden die Aktivierungsfunktionen festgelegt. Es ist bereits in Unterabschnitt 2.3.3 auf die denkbaren Auswahlmöglichkeiten für die Aktivierungsfunktionen eingegangen worden. Da für das Training der KNN ausschließlich die *Resilient Propagation* (RProp) eingesetzt wird und auch während der Voruntersuchung nur Weiterentwicklungen des Backpropagationalgorithmus verwendet wurden, müssen die Aktivierungsfunktionen stetig differenzierbar sein. Somit kommen nur sigmoide Funktionen, wie die logistische Funktion und der Tangens Hyperbolicus, in Frage. Aufgrund des größeren Wertebereichs, der sich von -1 bis 1 erstreckt, wird letztendlich der Tangens Hyperbolicus gewählt, da somit eine bessere Differenzierbarkeit der Aktivierungswerte möglich ist. Als Ausgabefunktion kommt stets die Identität zum Einsatz. Mit der Wahl der Aktivierungs- und Ausgabefunktionen ist die Topologie eines KNN, wie es im Rahmen dieser Untersuchungen verwendet wird, festgelegt. Bild 4.7 zeigt den Aufbau der verwendeten KNN exemplarisch.

4.2.2 Auswahl der Lernstrategie und des Trainingsalgorithmus

Es ist bereits einige Male angesprochen worden, dass es sich beim Training der KNN um den interessantesten aber auch anspruchsvollsten Abschnitt handelt. Dieser Abschnitt wird im Folgenden genauer beschrieben und die angesprochenen Herausforderungen werden dargestellt.

Es gibt eine große Anzahl an Trainingsalgorithmen, die auf dem Backpropagationalgorithmus aufbauen und somit grundsätzlich zum Training der definierten Netze geeignet sind. Allein MATLAB stellt eine Auswahl von 14 Trainingsalgorithmen zur Verfügung. Für ein effizientes Vorankommen wurden daher für die angestellten Voruntersuchungen die erfolgversprechendsten ausgewählt. In Unterabschnitt 2.3.4 ist bereits erwähnt worden, dass alle modernen und leistungsstarken Trainingsalgorithmen eine adaptive Lernrate verwenden und darüber hinaus vorangegangene Lernschritte berücksichtigt werden sollen. Daher wurde im Rahmen der Voruntersuchungen ein Trainingsalgorithmus nach LEVENBERG-MARQUARDT, die RProp und ein MATLAB-interner Trainingsalgorithmus verwendet. Beim MATLAB-internen Trainingsalgorithmus handelt es sich ebenfalls um ein Gradientenverfahren, das eine adaptive Lernrate und einen Momentumterm einsetzt. Für alle drei Trainingsalgorithmen wird als Fehlermaß die Summe der quadratischen Fehler verwendet. Aufgrund der besten Voruntersuchungsergebnisse, die mit der RProp erzielt wurden, wird lediglich dieser Lernalgorithmus im Folgenden angewendet.

Während des Trainings der KNN treten im Allgemeinen zwei Probleme auf. Zum einen kann es dazu kommen, dass ein KNN die Trainingsmuster nahezu auswendig lernt und somit keine guten Generalisierungseigenschaften besitzt. Das andere Problem rührt vom fehlenden Wissen über die Fehlerfläche her, wodurch die Anfangsinitialisierung der Verbindungsgewichte von besonderer Bedeutung ist. Beide Probleme werden nachfolgend genauer beschrieben.

Das erste Problem wird als *Overfitting* oder *Überanpassung* bezeichnet. Hier erzielt das KNN sehr gute Ergebnisse für alle Trainingsmuster, besitzt aber eine schlechte Generalisierungsfähigkeit für unbekannte Muster. Das Verhalten kann eintreten, wenn ein KNN zu lange trainiert wird und der berechnete Fehler ständig weiter minimiert wird, da keine Validierung des Trainingsfortschritts mit unbekannten Mustern erfolgt. Im Extremfall kann das KNN nach Abschluss des Trainings zu allen Trainingsmustern fehlerfrei das Ergebnis ausgeben. Aber bereits kleine Abweichungen von den Trainingsmustern führen zu deutlich schlechteren Ergebnissen. Die angestrebte Generalisierungsfähigkeit des KNN ist folglich nicht oder nur in sehr begrenztem Maße vorhanden und somit ist das Netz für reale Anwendungsfälle nicht einsetzbar.

Für ein besseres Verständnis der Überanpassung dient Bild 4.8. In diesem Bild sind drei Näherungsfunktionen für ein leicht verrauschtes Sinussignal über eine Periode gezeigt. Im linken Teilbild wird der Signalverlauf durch eine lineare Funktion angenähert, was erfahrungsgemäß nur sehr unbefriedigend gelingt. Eine sehr gute Näherung ist mithilfe einer Funktion dritter Ordnung möglich. Es werden zwar nicht alle Stützstellen genau erfüllt, jedoch wird der globale Signalverlauf gut wiedergegeben. Im rechten Teilbild erfolgt die Näherung durch eine Funktion achter Ordnung, die alle Stützstellen fehlerfrei wiedergibt. Allerdings kann der globale Signalverlauf lediglich erahnt werden und somit ist diese Näherung als unzureichend zu bezeichnen. Dies entspricht einem stark überangepassten Netz, welches ebenfalls alle Stützstellen, also die Trainingsmuster, genau zuordnen kann. Bei kleinen Abweichungen davon werden jedoch stark fehlerhafte Ergebnisse ermittelt.

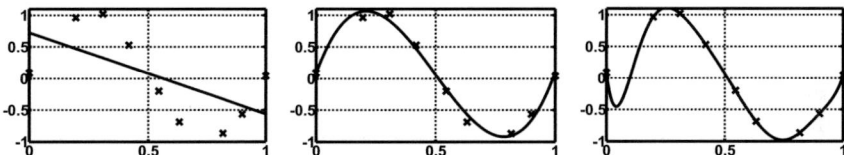

Bild 4.8:   Beispiel für Überanpassung anhand der Abbildung eines leicht verrauschten Sinussignals mithilfe von drei Näherungspolynomen

Dem Problem der Überanpassung kann dadurch begegnet werden, dass die zur Verfügung stehenden Muster zumindest in zwei, bestenfalls in drei, Gruppen aufgeteilt werden (siehe Bild 4.9). Die Gruppen werden im Folgenden als Trainings-, Validierungs- und Testgruppe bezeichnet. Die Muster der Trainingsgruppe werden zum Training des Netzes genutzt, in dem die Verbindungsgewichte angepasst werden, mit dem Ziel das Fehlermaß zu minimieren. Allerdings werden nach jeder Trainingsepoche einige unbekannte Muster zur Validierung des Trainingsfortschritts verwendet und somit die Generalisierungsfähigkeit überprüft. Zur Prüfung der Generalisierungsfähigkeit wird für alle Validierungsmuster das Fehlermaß berechnet. Sollte dieses Fehlermaß über mehrere Trainingsepochen hinweg kontinuierlich ansteigen, wird das Training beendet, um somit einer weiteren Überanpassung des KNN an die Trainingsmuster vorzubeugen. Dieses Vorgehen zur Vermeidung der Überanpassung wird als *Cross-Validierung* bezeichnet (siehe BRAUN [13]). Die Muster der eventuell vorhandenen dritten Gruppe, die als Testgruppe bezeichnet wird, können für ein abschließendes Testen des KNN nach dem beendeten Trainingsprozess verwendet werden. Allerdings haben diese Muster keinen Einfluss auf das Training.

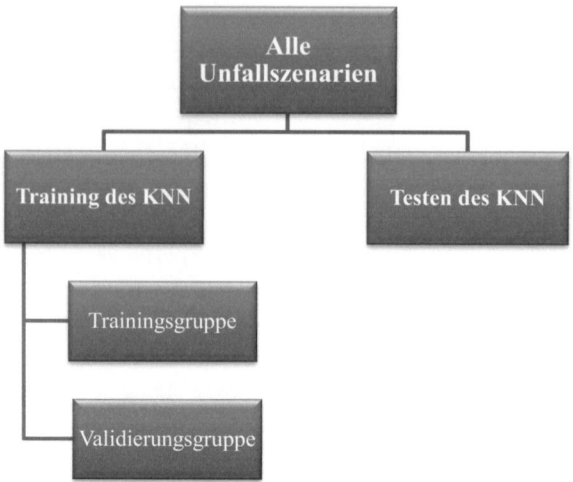

Bild 4.9: Aufteilung der Unfallszenarien für das Training und das Testen

Das zweite Problem im Zusammenhang mit dem Training der KNN ist in dem unbekannten Verhalten der Fehlerfläche begründet. Aufgrund des fehlenden Wissens erfolgt die anfängliche Initialisierung der Verbindungsgewichte zufällig, wobei die in Unterabschnitt 2.3.4 gemachten Anmerkungen berücksichtigt werden. Die Initialisierung der Verbindungsgewichte legt somit den Startpunkt des anschließenden Trainings auf der Fehlerfläche fest. Wie bei einem Gradientenverfahren üblich, hat der Startpunkt des Verfahrens starke Auswirkungen auf das Resultat und somit auf die Anpassung des KNN. Aufgrund des Wissens über das vorhandene Initialisierungsproblem gibt es eine Reihe von Initialisierungsalgorithmen, die ein möglichst gutes Trainingsergebnis zum Ziel haben.

Neben dem Einsatz von Initialisierungsalgorithmen können zudem für alle Trainingskombinationen mehrere Trainingsversuche unternommen werden. Dieser Ansatz wird auch in dieser Untersuchung verfolgt und die gewählten Trainingskombinationen werden jeweils zwischen 100- und 1000-mal wiederholt. Die genaue Anzahl der Wiederholungsversuche ist von der Dauer des Trainings abhängig. Somit lassen sich gute Rückschlüsse auf die jeweiligen Trainingskombinationen ziehen und nachfolgende Trainingsvorgänge effizienter gestalten.

Neben diesen Maßnahmen, die zur Berücksichtigung der eventuell auftretenden Probleme herangezogen werden, gibt es weitere Möglichkeiten, die Trainingsmuster bereits vor Beginn des Trainings anzupassen. Die Vorverarbeitung der Eingabedaten kann den Trainingsablauf verbessern und wird daher näher beschrieben. Wie bereits erwähnt, werden als Eingangsmuster nicht normierte Waveletkoeffizienten der Beschleunigungs- und der Gierrate und der angenäherte Beschleunigungsanstieg als Zahlenwert verwendet. Die Werte der einzelnen Eingangsgrößen liegen in stark variierenden Bereichen vor und unterscheiden sich teilweise um drei Zehnpotenzen voneinander. Problematisch ist dies aufgrund des begrenzten Funktionswertebereichs der Aktivierungsfunktion, da dieser beim Tangens Hyperbolicus lediglich zwischen -1 und 1 liegt. Folglich ist der Bereich für starke Neuronenaktivierungen, der durch einen großen Gradienten ausgedrückt wird, relativ schmal in der Nähe der Erregungsschwelle. Diesem Umstand kann durch eine Normierung der Eingangswerte auf einen entsprechenden Wertebereich Rechnung getragen werden.

In der Literatur wird auf ein vielversprechendes Verfahren verwiesen, bei dem eine Normierung der Eingangswerte erfolgt, so dass sich ein Mittelwert von Null und eine einheitliche Standardabweichung ergeben. Zudem kann dadurch der Einfluss der Verbindungsgewichtsinitialisierung beschränkt und das Training folglich deutlich effizienter durchgeführt werden (siehe JOOST [49]). Ein anderes Verfahren normiert die Eingangswerte zwischen -1 und 1 und wird ebenfalls untersucht. Beide Methoden zur Vorverarbeitung der Eingangswerte sind in MATLAB hinterlegt. Tiefergehende Informationen zu beiden Normierungsverfahren sind in JOOST [49] oder im Handbuch zur Neuronal Network Toolbox 6 von MATLAB zu finden. Die verwendeten Zahlenwerte für das Durchführen der Normierungen werden selbstständig von MATLAB im Rahmen der Netzwerkspeicherung gesichert und stehen somit dem Anwender zur Verfügung. Darüber hinaus werden in der gleichen Datei alle Verbindungsgewichte des trainierten KNN gespeichert.

Die dargebotene Auflistung an variablen Trainingsparametern und möglichen Herausforderungen zeigt eindrucksvoll die Komplexität des Trainings der KNN. Insgesamt ergibt sich dadurch ein hochdimensionales Problem, das zu bearbeiten ist und mit den folgenden Trainingsparametern beschrieben wird:

- Variation der Eingangsmuster,
- Unterschiedliche Vorverarbeitungen der Eingangsmuster,
- Variable Aufteilung der Gesamtmustermenge für Training, Validierung und Testen,
- Variation der Netztopologie,
- Verwendung mehrerer Trainingsalgorithmen,
- Verschiedene Initialisierungsmethoden der Verbindungsgewichte.

Neben diesen beeinflussbaren Trainingsparametern sind die zufälligen Einflüsse zu beseitigen. Vollständig ist dies nicht möglich, allerdings wird dem durch das mehrmalige Training mit gleichen vorgegebenen Trainingsparametern Rechnung getragen. Eine graphische Übersicht zu allen Einflussgrößen des Trainings gibt Bild 4.10. Sowohl die Initialisierung der anfänglichen Verbindungsgewichte als auch die interne Zuordnung der Muster zu einer der drei Mustergruppen für Training, Validierung und Test gehören zu den zufälligen Einflussparametern. Diese beiden Parameter können nicht von außen durch den Anwender vorgegeben werden und sind oben links als zufällige Vorgaben zusammengefasst.

Bild 4.10: *Variable und zufällige Parameter beim Training eines KNN*

5 Klassifizierung von Unfallszenarien

In diesem Kapitel erfolgt die Bewertung der Klassifizierungsergebnisse, die mithilfe der KNN gewonnen werden. Zuerst werden in Abschnitt 5.1 ausschließlich Ergebnisse von Unfallszenarien präsentiert und diskutiert, bei denen es zu einem geraden Pfahlaufprall kommt. Die Abschätzung der beiden wesentlichen Unfallparameter Aufprallgeschwindigkeit in Fahrzeuglängsrichtung und Pfahlposition wird dazu getrennt durchgeführt.

Anschließend werden im zweiten Abschnitt die auszuwertenden Unfallszenarien in der Form verallgemeinert, dass auch schräge Pfahlaufprälle klassifiziert werden. Schräge Pfahlaufprälle sind durch Geschwindigkeitsanteile sowohl in Fahrzeuglängs- als auch in Fahrzeugquerrichtung charakterisiert. Auch hier erfolgt eine getrennte Diskussion nach Aufprallgeschwindigkeitsanteilen und Pfahlposition.

Zuletzt wird die vorgestellte Methode zur Klassifizierung in Abschnitt 5.3 auf ihre Robustheit untersucht. Dazu dienen Unfallszenarien, in denen zum einen das Gewicht des FE-Gesamtfahrzeugmodells und zum anderen der Durchmesser des Pfahlhindernisses variiert werden. Zuletzt werden die Eingabedaten hinsichtlich charakteristischer Merkmale mit SOM untersucht.

5.1 Unfallparameterabschätzung beim geraden Pfahlaufprall

Zunächst werden ausschließlich Unfallszenarien betrachtet, bei denen es zu einem geraden Pfahlaufprall kommt. Dies ist dem Ziel einer besseren Übersichtlichkeit geschuldet, da somit lediglich 182 statt mehr als 3000 Unfallszenarien in der Auswertung zu berücksichtigen sind. Zudem ist für 182 Unfallszenarien eine deutliche bessere graphische Darstellung der Ergebnisse möglich. Darüber hinaus ist ein Großteil der Erkenntnisse auf die Ergebnisse für die verallgemeinerten Pfahlunfallszenarien übertragbar.

Aufgrund der anfänglich verhältnismäßig einfachen Unfallszenarien eignet sich dieses Vorgehen sehr gut, um einen ersten Eindruck der hier vorgestellten Methode zu gewinnen. Darüber hinaus sind Unfallszenarien mit geraden Hinderniszusammenstößen den gängigen Unfalltests des Euro NCAP und des US NCAP ähnlich, da in beiden Unfallprogrammen ebenfalls ausschließlich gerade Aufprallsituationen überprüft werden.

Ein gerader Aufprall ist dadurch charakterisiert, dass das Fahrzeugmodell vor dem Aufprall keine Geschwindigkeitskomponente in Querrichtung und keine Gierbewegung aufweist. Somit ergibt sich der Aufprallwinkel stets zu 0° und muss zur Klassifizierung eines Unfallszenarios mit geradem Pfahlaufprall nicht abgeschätzt werden (siehe Bild 5.1).

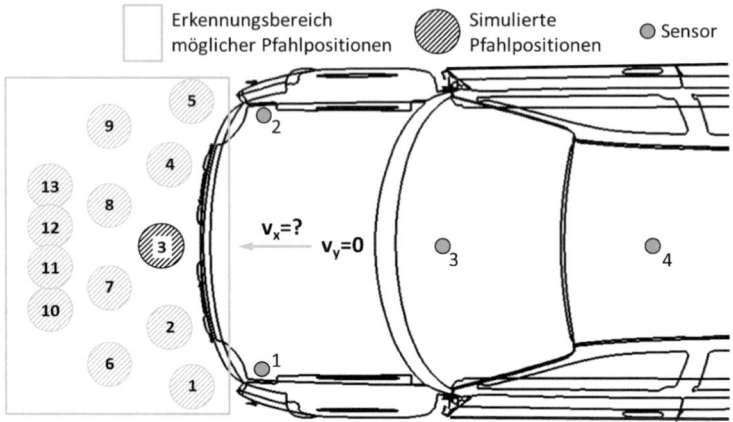

Bild 5.1: *Allgemeines Unfallszenario bei geradem Pfahlaufprall*

Die beiden Unfallparameter, die ein Unfallszenario mit einem geraden Pfahlaufprall im Wesentlichen klassifizieren, sind die Aufprallgeschwindigkeit in Fahrzeuglängsrichtung und die Position des Pfahlhindernisses. Beide Unfallparameter werden getrennt voneinander in den Unterabschnitten 5.1.1 und 5.1.2 bewertet und diskutiert. Zudem wird der Einfluss der Unfallszenarienaufteilung in Trainings-, Validierungs- und Testmenge genauer untersucht. Eine Beschreibung der vier unterschiedlichen Trainingsvarianten ist in Anhang A.2 dargestellt.

Abgeschlossen wird der folgende Abschnitt durch eine übersichtliche Darstellung von Schlussfolgerungen, die Bestandteil des Unterabschnitts 5.1.3 sind.

5.1.1 Abschätzung der Aufprallgeschwindigkeit in Fahrzeuglängsrichtung beim geraden Pfahlaufprall

Der wesentliche Parameter für eine situationsgerechte Auslösung der Rückhaltesysteme eines Fahrzeugs bei einem Frontalunfall ist die Aufprallgeschwindigkeit gegen das Hindernis in Fahrzeuglängsrichtung. Daher werden viele Untersuchungen bezüglich dieses Unfallparameters durchgeführt. Es wird zuerst auf die

Abschätzung der Aufprallgeschwindigkeit des Fahrzeugs in Längsrichtung für ausschließlich gerade Zusammenstöße mit dem Pfahlhindernis untersucht.

Es werden für jede Pfahlposition Unfallszenarien mit 14 verschiedenen Geschwindigkeiten simuliert, die zwischen 18 km/h und 60 km/h liegen. Unter Berücksichtigung der 13 unterschiedlichen Pfahlpositionen ergeben sich somit 182 Unfallszenarien. Um die Dichte des Geschwindigkeitsbands im Allgemeinen bestimmen zu können, wird das Training des KNN teilweise mit einer geringeren Anzahl an Geschwindigkeitsstützstellen durchgeführt. In gleicher Weise wird mit der Pfahlpositionsanzahl verfahren, wobei auf beide Untersuchungen zu einem späteren Zeitpunkt in diesem Unterabschnitt beziehungsweise in Unterabschnitt 5.1.2 gezielter eingegangen wird.

Es ist bereits in Unterabschnitt 4.2.1 auf die verschiedenen Größen hingewiesen worden, die als Eingangsparameter für die KNN genutzt werden können. Die besten Ergebnisse lassen sich erzielen, wenn die folgenden Größen berücksichtigt werden:

- Wavelettransformierte der Beschleunigungen in Fahrzeuglängsrichtung der drei von 1 bis 3 nummerierten Sensoren in Bild 5.1, die mit 2 x 2 Pixel diskretisiert werden,
- Wavelettransformierte der Gierrate, die über die beiden Sensoren 3 und 4 aus Bild 5.1 berechnet und ebenfalls mit 2 x 2 Pixel diskretisiert wird,
- angenäherter Beschleunigungsanstieg in Fahrzeuglängsrichtung der drei von 1 bis 3 nummerierten Sensoren in Bild 5.1 während der ersten 3 ms.

Folglich werden 19 Eingangsneuronen für die 19 Eingangsparameter verwendet. Die Anzahl der verdeckten Neuronen ist flexibel und variiert zwischen vier und 17. Die beiden Grenzen sind eigenmächtig gewählt und beruhen primär auf den erzielten Voruntersuchungen. Es sei jedoch bereits an dieser Stelle angemerkt, dass KNN mit möglichst wenig verdeckten Neuronen bevorzugt werden. Zudem werden die KNN nach dem maximalen Fehler über alle 182 Unfallszenarien und den mittleren Fehler mit der zugehörigen Standardabweichung bewertet.

Die beste Abschätzung der Fahrzeuglängsgeschwindigkeit kann erzielt werden, wenn alle Geschwindigkeiten und Pfahlpositionen während des Trainings bekannt sind. Allerdings werden nicht alle 182 Kombinationen zum Training verwendet. Die Aufteilung der 182 Unfallszenarien erfolgt nach einem zufälligen Auswahlverfahren, wobei 60 % (109 Unfallszenarien) für das Training und die Validierung und die restlichen 40 % (73 Unfallszenarien) zum Testen verwendet werden.³ Die mit dieser Aufteilung trainierten KNN werden für die späteren Untersuchungen der erforderlichen Geschwindigkeits- und Pfahlpositionsdichte als Referenz herangezogen und im Folgenden als vollständig trainierte KNN bezeichnet (siehe Anhang A.2). Die besten Ergebnisse können erzielt werden, wenn zudem 70 % der Trainingsdaten zum Anpassen der Verbindungsgewichte genutzt werden und 30 % für die Validierung, um einer Überanpassung vorzubeugen.

Im Folgenden werden die Unfallszenarien, die für das Training und die Validierung genutzt werden, als dem KNN bekannte Unfallszenarien bezeichnet. Im Umkehrschluss werden die Unfallszenarien der Testmenge als dem KNN unbekannte Unfallszenarien benannt. Die Ergebnisse des leistungsfähigsten KNN, das mit 60 % der 182 Unfallszenarien trainiert und den restlichen 40 % getestet wird, sind in Bild 5.2 dargestellt.

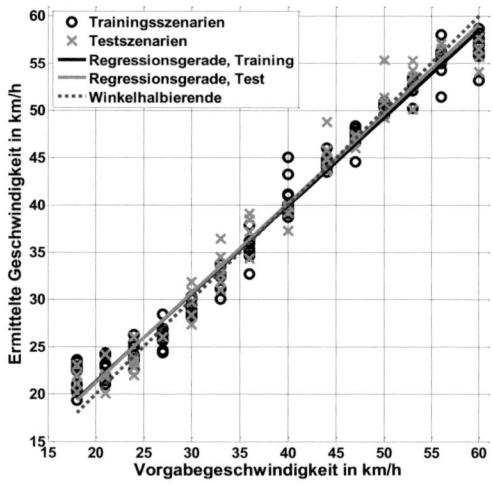

Bild 5.2: *Abschätzung der Aufprallgeschwindigkeit in Fahrzeuglängsrichtung bei geradem Pfahlaufprall unter Berücksichtigung aller Geschwindigkeiten und Pfahlpositionen während des Trainings*

Das zu den dargestellten Ergebnissen zugehörige KNN besteht neben den 19 Eingangs- und einem Ausgangsneuron aus 13 weiteren Neuronen, die sich in der verdeckten Schicht befinden. Für eine bessere Ergebnisdarstellung

---

[3] Im Folgenden wird als Training stets der Vorgang der Verbindungsgewichtsanpassung und die anschließende Validierung bezeichnet. Zu diesem Zweck wird nur ein Teil aller 182 Unfallszenarien verwendet, der als Trainingsmenge bezeichnet wird. Die nicht ausgewählten Unfallszenarien werden der Testmenge zugeordnet und dienen der Prüfung der Generalisierungsfähigkeit des KNN. Dieser Vorgang wird als Testen des KNN bezeichnet und getrennt diskutiert.

werden Unfallszenarien mit einem schwarzen Kreis gekennzeichnet, die Bestandteil des Trainings und der Validierung sind und somit dem Netz bekannt sind. Alle unbekannten Unfallszenarien, die zum Testen des KNN verwendet werden, sind mit einem grauen Kreuz markiert. Für beide Ergebnisgruppen sind in der entsprechenden Farbgebung die zugehörigen Regressionsgeraden eingezeichnet. Beide Regressionsgeraden liegen sehr dicht an der Winkelhalbieren-Winkelhalbierenden, die als dunkelgraue Punktlinie eingezeichnet ist. Die Winkelhalbierende repräsentiert das ideale Ergebnis. Die dargestellte Verteilung in Bild 5.2 allein lässt bereits Rückschlüsse auf die guten Ergebnisse zu.

Für eine vollständige Bewertung der Ergebnisse sind ferner der maximale Fehler und der mittlere Fehler mit der zugehörigen Standardabweichung von enormer Wichtigkeit. Der maximale Ausgabefehler des KNN über alle Trainingsszenarien beträgt 6,8 km/h und für die unbekannten Testszenarien 5,9 km/h. Für die Bestimmung der bekannten Muster ergibt sich ein mittlerer Fehler von 1,4 km/h mit einer Standardabweichung von 1,4 km/h. Im Vergleich dazu ist der mittlere Fehler für die unbekannten Unfallszenarien mit 1,6 km/h mit der zugehörigen Standardabweichung von 1,4 km/h geringfügig größer. Ebenso ist die Streuung innerhalb der Testszenarien breiter. Dennoch sind die Unterschiede der Fehlergrößen für die unbekannten Unfallszenarien im Vergleich zu den bekannten Unfallszenarien sehr gering; dies zeigt die äußerst hohe Leistungsfähigkeit des vorgestellten KNN. Ein übersichtlicher Vergleich der Fehlergrößen ist in Tabelle 5.1 dargestellt.

Tabelle 5.1: Ausgabefehler des KNN bei der Abschätzung der Aufprallgeschwindigkeit in Fahrzeuglängsrichtung bei geradem Pfahlaufprall unter Berücksichtigung aller Geschwindigkeiten und Pfahlpositionen während des Trainings

	Maximaler Fehler in km/h	**Mittlerer Fehler in km/h**	**Standardabweichung in km/h**
Trainingsmenge	6,82	1,44	1,41
Testmenge	5,91	1,61	1,43
Gesamtmenge	6,82	1,50	1,42

Zuletzt sei noch auf die Verteilung der Abschätzungsergebnisse über den gesamten Geschwindigkeitsbereich in Bild 5.2 hingewiesen. Ausschließlich die beiden Randgeschwindigkeiten von 18 km/h und 60 km/h streuen sehr einseitig in eine Richtung. Aufgrund dessen weisen beide Regressionsgeraden einen Winkel auf, der geringfügig kleiner als ist 45°. Für die Unfallszenarien mit einer Aufprallgeschwindigkeit von 18 km/h werden ausnahmslos zu hohe Geschwindigkeiten abgeschätzt. Andersherum verhält es sich bei Unfallszenarien mit Aufprallgeschwindigkeiten von 60 km/h, für die stets eine zu geringe Geschwindigkeit abgeschätzt wird. Im Wesentlichen ist dieses Verhalten auf die Verwendung des s-förmigen Tangens Hyperbolicus als Aktivierungsfunktion der Neuronen zurückzuführen. Folglich könnte das gezeigte Verhalten durch eine lineare Aktivierungsfunktion vermieden werden. Allerdings führt der Einsatz einer linearen Aktivierungsfunktion zu erheblich schlechteren Ergebnissen und wird daher im Folgenden nicht weiter in Erwägung gezogen. Nach diesen Ausführungen ist das Verhalten somit zu erwarten und stimmt mit den dargelegten theoretischen Grundlagen überein. Daher sei bereits an dieser Stelle vorweggenommen, dass diese Charakteristik auch bei allen folgenden Ergebnisdarstellungen festzustellen ist.

KNN sind sehr leistungsfähig für die Interpolation zwischen bekannten Stützstellen. Die Extrapolationsfähigkeit ist jedoch meist sehr beschränkt, insbesondere wenn die Ähnlichkeit in den Eingangsmustern zu denen der nächsten Stützstelle bedacht wird. Die Ergebnisse aller zwischen den beiden Randgeschwindigkeiten liegenden Geschwindigkeiten streuen in beide Richtungen, wobei die größten Streuungen bei 33 km/h, 36 km/h, 40 km/h sowie 56 km/h auftreten. Darüber hinaus sind bei Geschwindigkeiten von 33 km/h, 40 km/h, 43 km/h und 50 km/h Ausreißer erkennbar, die ausnahmslos zu hohe Geschwindigkeitsabschätzungen darstellen. Diese Abweichungen können jedoch keiner einzelnen Hindernisposition zugeordnet werden und schließen daher einen systematischen Fehler aus, der beispielsweise auf fehlerhafte Simulationsergebnisse zurückzuführen ist.

Neben den sehr guten Ergebnissen, die erzielt werden können, wenn alle Unfallszenarien berücksichtigt werden, ist die Generalisierungsfähigkeit zwischen den betrachten Geschwindigkeiten und Pfahlpositionen von großer Bedeutung. Nur mit Ergebnissen für gänzlich unbekannte Geschwindigkeiten und Pfahlpositionen kann der Arbeitsumfang ermittelt und die Einsetzbarkeit der Methode bestätigt werden. Daher wird die erforderliche Dichte an Geschwindigkeiten und Pfahlpositionen im Folgenden gesondert untersucht.

Zunächst werden KNN trainiert, die lediglich acht Geschwindigkeiten während des Trainings verwenden. Somit sind dem KNN während des Trainings 108 Unfallszenarien bekannt, wobei die besten KNN wiederum 70 % der Trainingsmuster zum Anpassen der Verbindungsgewichte und 30 % für die notwendige Validierung nutzen. Das anschließende Testen erfolgt mit den 74 Unfallszenarien, die aus den sechs vernachlässigten Geschwindigkeiten resultieren. Das Verhältnis zwischen Trainings- und Testszenarien beträgt in diesem Fall wie auch bei den vollständig trainierten Netzen 60:40. In Bild 5.3 sind die Ergebnisse des besten KNN für diese Trainingsvariante dargestellt, wobei die Legende und Markierungen der unterschiedlichen Unfallszenarien unverändert bleiben.

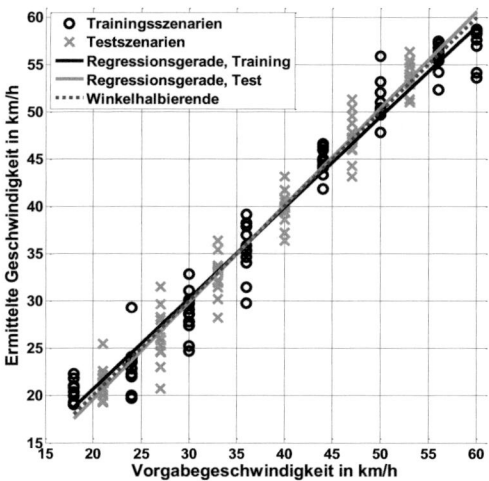

Bild 5.3: *Abschätzung der Aufprallgeschwindigkeit in Fahrzeuglängsrichtung bei geradem Pfahlaufprall unter Vernachlässigung von 6 Geschwindigkeiten während des Trainings*

Das zu Bild 5.3 zugehörige KNN besitzt zehn Zwischenschichtneuronen. Aufgrund der senkrechten Anordnung lassen sich die sechs unbekannten Geschwindigkeiten leicht erkennen und befinden sich ausnahmslos zwischen zwei bekannten Geschwindigkeiten. Es ist eine sehr gute Abschätzung für alle Geschwindigkeiten möglich, was für ein sehr leistungsfähiges Netz mit sehr guter Generalisierungsfähigkeit spricht. Im Vergleich zum KNN, das alle Geschwindigkeiten und Pfahlpositionen während des Trainings berücksichtigt, sind die Ergebnisse geringfügig schlechter (siehe Tabelle 5.2). Dies wird insbesondere beim mittleren Fehler der Gesamtmenge deutlich, der um 8 % ansteigt. Die zugehörige Standardabweichung bleibt jedoch nahezu unverändert. Auf den maximalen Fehler sind keine negativen Auswirkungen festzustellen und im dargestellten Beispiel sinkt dieser sogar im Vergleich zum vollständig trainierten KNN aus Bild 5.2 und Tabelle 5.1.

Tabelle 5.2: Ausgabefehler des KNN bei der Abschätzung der Aufprallgeschwindigkeit in Fahrzeuglängsrichtung bei geradem Pfahlaufprall unter Vernachlässigung von 6 Geschwindigkeiten während des Trainings

	Maximaler Fehler in km/h	**Mittlerer Fehler in km/h**	**Standardabweichung in km/h**
Trainingsmenge	6,40	1,68	1,54
Testmenge	6,30	1,54	1,35
Gesamtmenge	6,40	1,62	1,46

Der angestiegene mittlere Fehler geht mit einer größeren Streuung der Ergebnisse einher, die für alle Geschwindigkeiten mit Ausnahme der beiden Randgeschwindigkeiten festzustellen ist. Allerdings sind die Streuungen über alle Geschwindigkeiten gleichmäßiger, unabhängig ob die Geschwindigkeit bekannt oder unbekannt ist. Ebenso ist die Anzahl der Ausreißer geringer, die bei den Geschwindigkeiten 24 km/h und 50 km/h zu einer zu hohen und bei 36 km/h zu einer zu niedrigen Geschwindigkeitsabschätzung führen.

Mit den erlangten Erkenntnissen kann eine sehr gute Generalisierungsfähigkeit für derart trainierte KNN bestätigt werden. Darüber hinaus wird festgestellt, dass 14 Geschwindigkeitsstützstellen den betrachteten Geschwindigkeitsbereich sehr gut abdecken. Für spätere Anwendungen kann davon ausgegangen werden, dass bereits eine Abdeckung des Geschwindigkeitsbereichs durch acht Geschwindigkeiten völlig ausreichend ist. Dadurch kann der Berechnungsumfang deutlich reduziert werden. Ebenso bestätigen die erfolgten Untersuchungen, dass auch andere Geschwindigkeiten, die sich zwischen den 14 ursprünglichen Stützstellen befinden, sehr genau abgeschätzt werden können.

Im nächsten Schritt wird die erforderliche Dichte an Pfahlpositionen geprüft. Das Vorgehen ähnelt im Allgemeinen dem der bereits beschriebenen Geschwindigkeitsuntersuchung. In diesem Fall werden während des Trainings keine Aufprallszenarien mit Pfählen auf den Positionen 10 bis 13 aus Bild 5.1 verwendet. Diese Unfallszenarien werden ausschließlich für das anschließende Testen der trainierten KNN genutzt. Durch Vernachlässigen der vier Pfahlpositionen stehen 126 Unfallszenarien für das Training zur Verfügung. Folglich steigt das Verhältnis von Trainings- zu Testszenarien deutlich auf etwa 70:30 an. Auch für diese Musteraufteilung können die besten Ergebnisse erzielt werden, wenn die Trainingsszenarien im bekannten Verhältnis von 70:30 für Verbindungsgewichtsanpassungen und die Validierung eingesetzt werden. Die Ergebnisse des besten KNN, das mit diesen Vorgaben trainiert wird und 17 Neuronen in der Zwischenschicht besitzt, sind in Bild 5.4 abgebildet.

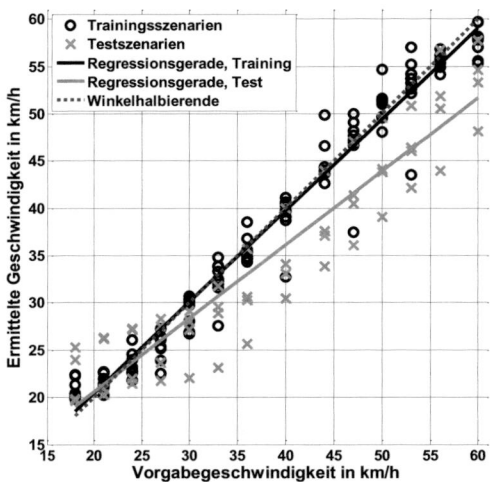

Bild 5.4: Abschätzung der Aufprallgeschwindigkeit in Fahrzeuglängsrichtung bei geradem Pfahlaufprall unter Vernachlässigung von 4 Pfahlpositionen während des Trainings

Die Ergebnisse für die Testszenarien sind deutlich schlechter als beim vollständig trainierten KNN, können aber noch als gut bezeichnet werden. Insbesondere die Abschätzung von Geschwindigkeiten ab 30 km/h gelingt für die vier unbekannten Pfahlpositionen nur mit größeren Abweichungen. Grundsätzlich ist die abgeschätzte Aufprallgeschwindigkeit in Fahrzeuglängsrichtung für die unbekannten Pfahlpositionen ab 30 km/h zu gering und die Streuungen werden mit zunehmender Geschwindigkeit größer. Diese Tendenz wird auch durch die grau dargestellte Regressionsgerade der Testszenarien mit einem Winkel ausgedrückt, der deutlich kleiner als ist 45°. Besonders markant ist der unterste Ausreißer, der für jede Geschwindigkeit ab 30 km/h festzustellen ist. Allerdings sind diese Abweichungen nicht nur einer Pfahlposition zuzuordnen, sondern über alle vier Pfahlpositionen verteilt. Neben dem Ausreißer, der bei jeder Geschwindigkeit festzustellen und den Testszenarien zugehörig ist, fallen vier weitere Ausreißer auf, die zur Gruppe der Trainingsszenarien gehören. Diese vier Ausreißer treten bei 33 km/h, 40 km/h, 47 km/h und 53 km/h auf und resultieren ebenfalls aus unterschiedlichen Pfahlpositionen.

Tabelle 5.3: *Ausgabefehler des KNN bei der Abschätzung der Aufprallgeschwindigkeit in Fahrzeuglängsrichtung bei geradem Pfahlaufprall unter Vernachlässigung von 4 Pfahlpositionen während des Trainings*

	Maximaler Fehler in km/h	Mittlerer Fehler in km/h	Standardabweichung in km/h
Trainingsmenge	9,54	1,49	1,70
Testmenge	12,06	4,84	3,47
Gesamtmenge	12,06	2,52	2,84

Der qualitative Eindruck der schlechteren Abschätzungsergebnisse wird sowohl durch den maximalen Fehler als auch durch den mittleren Fehler mit der entsprechenden Standardabweichung für die Testszenarien in Tabelle 5.3 bestätigt. Beim maximalen Fehler der Testszenarien findet eine Verdopplung und beim mittleren Fehler und der zugehörigen Standardabweichung in etwa eine Verdreifachung im Vergleich zu den Trainingsszenarien statt. Zudem ist festzustellen, dass auch die Ergebnisse der Trainingsszenarien geringfügig schlechter sind, was am deutlichsten durch den maximalen Fehler bestätigt wird.

Diese Feststellungen führen zu der Erkenntnis, dass nicht weniger als neun Pfahlpositionen während des Trainings berücksichtigt werden sollten. Für eine Verbesserung und sehr gute Abschätzungsergebnisse sind weiterhin 13 Pfahlpositionen notwendig. Dennoch zeigen die Ergebnisse, dass die ursprüngliche Dichte von 13 Pfahlpositionen ausreichend ist. Somit ist bei Zusammenstößen mit Pfählen, die sich zwischen zwei der 13 betrachteten Pfahlpositionen befinden, eine gute Abschätzung der Aufprallgeschwindigkeit in Fahrzeuglängsrichtung zu erwarten.

Bei der letzten Untersuchung zur Abschätzung der Aufprallgeschwindigkeit in Fahrzeuglängsrichtung bei geradem Pfahlaufprall bleiben sowohl fünf Geschwindigkeiten als auch vier Pfahlpositionen unberücksichtigt. Folglich stehen für das Training 81 Unfallszenarien zur Verfügung. Die restlichen 101 Unfallszenarien werden ausschließlich für das anschließende Testen verwendet. Das Verhältnis verschiebt sich daher mit 30:70 deutlich zugunsten der Testszenarien und stellt eine besondere Herausforderung für das Training der KNN dar. Eine Darstellung des besten KNN ist in Bild 5.5 gegeben. Das zugehörige KNN weist 15 Neuronen in der Zwischenschicht auf und wurde mit einer Aufteilung der Trainingsmenge von 70:30 trainiert.

5.1 Unfallparameterabschätzung beim geraden Pfahlaufprall 103

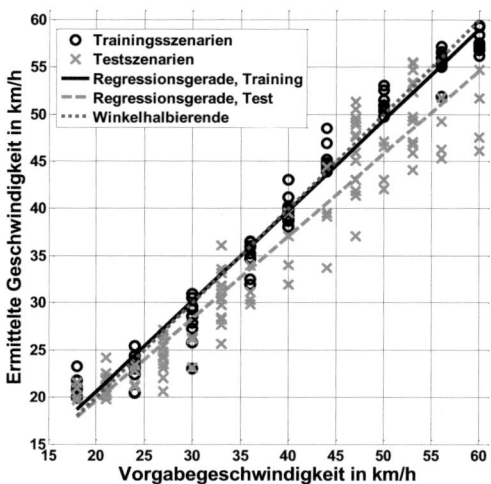

Bild 5.5: Abschätzung der Aufprallgeschwindigkeit in Fahrzeuglängsrichtung bei geradem Pfahlaufprall unter Vernachlässigung von 5 Geschwindigkeiten und 4 Pfahlpositionen während des Trainings

Die Darstellung wirkt wie ein Übereinanderlegen der Ergebnisse, die zum einen mit vernachlässigten Geschwindigkeiten (siehe Bild 5.3) und zum anderen mit unterschlagenen Pfahlpositionen (siehe Bild 5.4) erzielt werden. Es kann in tiefergehenden Ergebnisuntersuchungen ermittelt werden, dass die unbekannten Geschwindigkeiten für bekannte Pfahlpositionen wiederum sehr genau abgeschätzt werden. Deutliche Schwierigkeiten treten erneut bei der Abschätzung der Aufprallgeschwindigkeit in Fahrzeuglängsrichtung für gänzlich unbekannte Pfahlpositionen auf. Somit wirken die Ergebnisse nicht nur qualitativ wie ein Übereinanderlegen der getrennt durchgeführten Untersuchungen für reduzierte Geschwindigkeits- und Pfahlpositionsstützstellen, sondern sind es auch. Aufgrund dieser Tatsache wird nicht im Einzelnen auf die Ergebnisse eingegangen, da diese Feststellungen bereits ausführlich dargelegt wurden. Abschließend sei jedoch positiv angemerkt, dass die gänzlich unbekannten Geschwindigkeiten nur einer geringfügig größeren Streuung im Vergleich zu den Trainingsszenarien unterliegen.

Diese qualitativ ausgewerteten Erkenntnisse spiegeln sich auch in den rechnerischen Fehlergrößen wider, die der Tabelle 5.4 entnommen werden können. Der leichte Anstieg der drei Fehlergrößen für die Gesamtmenge aller 182 Unfallszenarien im Vergleich zur Trainingsmethode mit einer reduzierten Pfahlpositionsanzahl ist mit dem deutlich größeren Anteil an Testszenarien zu erklären. Gleichwohl sind die Ergebnisse für die Testszenarien, insbesondere bezüglich des mittleren Fehlers, aber auch bezüglich der Standardabweichung, signifikant besser. Eine Verschlechterung ist jedoch beim maximalen Fehler zu verzeichnen, der auf 14 km/h ansteigt.

Tabelle 5.4: *Ausgabefehler des KNN bei der Abschätzung der Aufprallgeschwindigkeit in Fahrzeuglängsrichtung bei geradem Pfahlaufprall unter Vernachlässigung von 5 Geschwindigkeiten und 4 Pfahlpositionen während des Trainings*

	Maximaler Fehler in km/h	Mittlerer Fehler in km/h	Standardabweichung in km/h
Trainingsmenge	8,87	1,98	2,08
Testmenge	14,04	3,58	3,21
Gesamtmenge	14,04	2,87	2,87

Die Ergebnisse zeigen, dass ein KNN, das mit lediglich neun Geschwindigkeitsstützstellen und neun Pfahlpositionen trainiert wird, für eine gute Abschätzung der Aufprallgeschwindigkeit in Fahrzeuglängsrichtung in unbekannten Unfallszenarien geeignet ist. Zudem ist eine deutliche Verbesserung bereits möglich, wenn mehr Pfahlpositionen berücksichtigt werden. Weitere Stützstellen zur Abdeckung des Geschwindigkeitsbereichs sind nicht zwingend erforderlich und führen nur zu geringen Verbesserungen.

Mit den dargestellten Erkenntnissen ist ein KNN folglich in der Lage, die Aufprallgeschwindigkeit in Fahrzeuglängsrichtung für unbekannte Unfallszenarien abzuschätzen. Eine Einschränkung dieser Fähigkeit besteht darin, dass die Aufprallgeschwindigkeit zwischen 18 km/h und 60 km/h liegen und der Hindernispfahl sich zwischen den beiden äußersten Positionen 1 und 5 aus Bild 5.1 befinden muss. Eine Abschätzung für Unfallszenarien jenseits dieser vier Grenzen kann nicht gewährleistet werden. Dies ist in den Eigenschaften der KNN begründet, die in der Regel nur unzureichend für Extrapolationsaufgaben geeignet sind. Darüber hinaus sollte auch der Durchmesser des Pfahlhindernisses dem hier verwendeten entsprechen, da ein stark variierender Pfahldurchmesser deutlich schlechtere Abschätzungsergebnisse zur Folge hat. Auf den Einfluss des Pfahldurchmessers wird jedoch zu einem späteren Zeitpunkt in Unterabschnitt 5.3.2 gesondert eingegangen.

Für den Fall eines späteren Einsatzes der Methode zur Klassifizierung von Unfallszenarien ist ein möglichst effizientes Vorgehen zu berücksichtigen. Neben der bereits angesprochenen reduzierten Simulationsdauer von lediglich 10 ms bis 20 ms sollten möglichst wenig Simulationen durchgeführt werden. Es wurde gezeigt, dass auch unter Berücksichtigung deutlich weniger Geschwindigkeitsstützstellen und Pfahlpositionen als beim vollständig trainierten KNN gute Ergebnisse zu erzielen sind.

5.1.2 Abschätzung der Hindernisposition beim geraden Pfahlaufprall

Der zweite wichtige und notwendige Unfallparameter zur Klassifizierung eines Unfallszenarios mit einem geraden Pfahlaufprall ist die Position des Pfahlhindernisses. Die Pfahlposition wird im Folgenden abgeschätzt, wobei die gleichen 182 Unfallszenarien berücksichtigt und die Trainingsmengen analog zu Unterabschnitt 5.1.1 variiert werden. Folglich wird erneut ein Geschwindigkeitsbereich von 18 km/h bis 60 km/h durch 14 Geschwindigkeiten abgedeckt und es sind 13 Pfahlpositionen abzuschätzen. Ein allgemeiner Aufbau der Unfallszenarien wurde bereits in Bild 5.1 gezeigt. Ebenso werden die gleichen Eingangsgrößen genutzt, die zur Abschätzung der Aufprallgeschwindigkeit in Fahrzeuglängsrichtung Anwendung finden und 19 Eingangsneuronen verlangen.

Die besten Ergebnisse zur Abschätzung der Pfahlpositionen werden erzielt, wenn alle Aufprallgeschwindigkeiten und Pfahlpositionen während des Trainings bekannt sind. Zur Überprüfung der Generalisierungsfähigkeit des KNN erfolgt erneut eine Aufteilung der 182 Unfallszenarien, wobei zufällig 60 % der Unfallszenarien für den Trainingsvorgang und die restlichen 40 % zur Prüfung genutzt werden. Eine Besonderheit des KNN, dessen Ergebnisse in Bild 5.6 abgebildet sind, ist, dass dieses 2/3 der Trainingsszenarien zur Verbindungsgewichtsanpassung und 1/3 für die Validierung nutzt.

Ergebnisse der Trainingsszenarien werden durch schwarze Kreise und Ergebnisse der Testszenarien als graue Kreuze angezeigt. Die beiden zu den jeweiligen Unfallszenariogruppen zugehörigen Regressionsgeraden sind in der entsprechenden Farbe dargestellt. Als Vergleich einer idealen Ausgabe dient die dunkelgraue gepunktete Winkelhalbierende. Allein die gute Annäherung der beiden Regressionsgeraden an die Winkelhalbierende gibt bereits Aussagen zur Güte der Pfahlpositionsabschätzung. Darüber hinaus sind nur sechs kleine Ausreißer festzustellen, wobei diese in vier Fällen zu den Trainingsszenarien gehören. Zudem streuen auch bei der Abschätzung der Pfahlposition die Ergebnisse für die beiden äußersten Positionen einseitig und sind durch betragsmäßig zu geringe Werte gekennzeichnet. Dieses Verhalten stimmt mit der Theorie des eingesetzten KNN überein und ist nicht zu beanstanden.

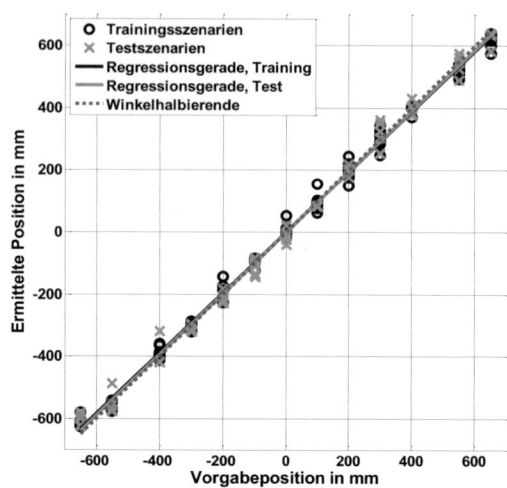

Bild 5.6: *Abschätzung der Pfahlposition bei geradem Pfahlaufprall unter Berücksichtigung aller Geschwindigkeiten und Pfahlpositionen während des Trainings*

Es können ferner sehr enge Fehlerschranken eingehalten werden, die in Tabelle 5.5 zusammengefasst sind. Über alle 182 Unfallszenarien hinweg ergibt sich der maximale Fehler zu 81 mm. Der mittlere Fehler beträgt knapp 21 mm und die Streuung der Ergebnisse wird durch eine Standardabweichung von gut 17 mm gekennzeichnet. Wie zu erwarten, sind die Ergebnisse der Testszenarien zwar in geringem Maße schlechter, bestätigen aber die sehr guten Generalisierungsfähigkeiten des trainierten KNN. Die sehr gute Generalisierungsfähigkeit wird zudem durch die sehr gleichmäßige Streuung über alle 13 Pfahlpositionen hinweg unterstrichen.

Tabelle 5.5: *Ausgabefehler des KNN bei der Abschätzung der Pfahlposition bei geradem Pfahlaufprall unter Berücksichtigung aller Geschwindigkeiten und Pfahlpositionen während des Trainings*

	Maximaler Fehler in mm	Mittlerer Fehler in mm	Standardabweichung in mm
Trainingsmenge	74,13	19,18	16,76
Testmenge	81,00	22,57	18,30
Gesamtmenge	81,00	20,63	17,46

Als letztes sei erneut auf die leichten Abweichungen hingewiesen, die bei sechs der 13 Pfahlpositionen auftreten und überwiegend vor dem linken Fahrzeugbereich stehen. Auffallend ist zudem, dass jede Abweichung einen absolut betrachtet zu geringen Wert für die Pfahlposition repräsentiert, d.h. der Pfahl wird zu weit rechts vermutet. Jede Abweichung gehört zu einer unterschiedlichen Aufprallgeschwindigkeit und ist nicht in fehlerhaften Eingangsdaten begründet.

Im Folgenden wird die erforderliche Dichte an Geschwindigkeiten und Pfahlpositionen gesondert untersucht. Dazu erfolgt zuerst die Reduzierung der Geschwindigkeitsstützstellen, wobei weiterhin alle Pfahlpositionen während des Trainings berücksichtigt werden. Im Anschluss wird das Vorgehen umgekehrt und es werden alle Geschwindigkeitsstützstellen, aber eine verkleinerte Anzahl an Pfahlpositionen, beim Training eingesetzt. Die Untersuchung dient abermals zur Bestimmung des erforderlichen Umfangs, der zum Einsatz der Methode zur Klassifizierung von Unfallszenarien zu betreiben ist.

Für das Training der KNN werden aufgrund der Vernachlässigung von sechs Geschwindigkeiten 108 Unfallszenarien in Betracht gezogen. Folglich stehen 74 Unfallszenarien für die Überprüfung der Generalisierungsfähigkeit der Netze zur Verfügung. Das Verhältnis zwischen Trainings- und Testszenarien bleibt damit wie beim vollständig trainierten Netz bei 60:40.

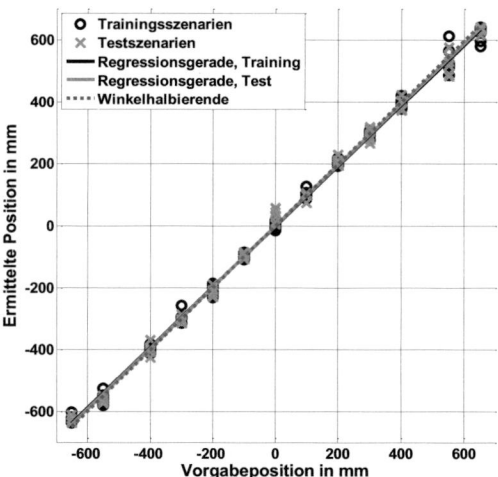

Bild 5.7: *Abschätzung der Pfahlposition bei geradem Pfahlaufprall unter Vernachlässigung von 6 Geschwindigkeiten während des Trainings*

Die Ergebnisse des besten KNN für diese Trainingsvariante sind in der bekannten Darstellungsweise in Bild 5.7 abgebildet. Während des Trainings erfolgt die Anpassung der Verbindungsgewichte mithilfe von 70 % der Trainingsmuster und die Validierung erfolgt mit den restlichen 30 %. Die Topologie des KNN ist mit der Angabe von 17 Neuronen in der Zwischenschicht vollständig beschrieben.

Für alle Unfallszenarien können die Positionen sehr genau abgeschätzt werden und es gibt lediglich einen Ausreißer beim Pfahlhindernis 9, das um 550 mm nach rechts verschoben steht. An Pfahlhindernis 9 ist zudem der größte Streubereich festzustellen. Für alle anderen Pfahlpositionen unterliegen die Ergebnisse einer deutlich kleineren Streuung als es beim vollständig trainierten KNN der Fall ist. Darüber hinaus ist die Streuung über alle Pfahlpositionen hinweg nahezu konstant. Diese qualitativen Erkenntnisse werden auch durch die eingehaltenen Fehlerschranken bestätigt (siehe Tabelle 5.6). Über alle 182 Unfallszenarien kann der maximale Fehler auf knapp 70 mm reduziert werden. Der mittlere Fehler sinkt auf 15 mm und die Standardabweichung auf 14 mm.

Tabelle 5.6: *Ausgabefehler des KNN bei der Abschätzung der Pfahlposition bei geradem Pfahlaufprall unter Vernachlässigung von 6 Geschwindigkeiten während des Trainings*

	Maximaler Fehler in mm	Mittlerer Fehler in mm	Standardabweichung in mm
Trainingsmenge	69,45	14,06	13,94
Testmenge	66,95	16,40	14,41
Gesamtmenge	69,95	15,06	14,15

Dieses Ergebnis ist nicht zu erwarten, da in der Regel für ein vollständig trainiertes KNN die besten Ergebnisse erzielt werden. Dass für alle Unfallszenarien mit unbekannten Aufprallgeschwindigkeiten die Pfahlpositionen äußerst genau zu bestimmen sind, bringt die besondere Leistungsfähigkeit des KNN zum Ausdruck. Darüber hinaus können auch weitere KNN trainiert werden, die eine ähnliche Güte aufweisen. Somit kann geschlussfolgert werden, dass für die Bestimmung der Hindernispositionen acht Geschwindigkeitsstützstellen für den untersuchten Geschwindigkeitsbereich ausreichend sind.

Im Folgenden wird der Einfluss der berücksichtigten Pfahlpositionen untersucht. Dazu wird analog zu der soeben beschriebenen Untersuchung der notwendigen Geschwindigkeitsstützstellen vorgegangen. Dazu erfolgt das Training der KNN unter Vernachlässigung der vier Pfahlpositionen 10 bis 13, da diese ausschließlich der anschließenden Prüfung der Generalisierungsfähigkeit dienen. Demnach erfolgt das Training der KNN mit 126 Unfallszenarien und für das Testen stehen 56 Unfallszenarien zur Verfügung. Folglich ergibt sich eine Verschiebung des Verhältnisses zwischen Trainings- und Testszenarien zugunsten der Trainingsszenarien auf 70:30. Die größte Anzahl an sehr guten KNN kann auch bei dieser Trainingsvariante erreicht werden, wenn 70 % der Trainingsszenarien für die Anpassung der Verbindungsgewichte und somit 30 % für die Validierung genutzt werden. In Bild 5.8 sind die Ausgaben des besten KNN für diese Trainingsvariante dargestellt. Das zugehörige KNN besitzt elf Neuronen in der Zwischenschicht.

Die Ergebnisse des KNN über alle 182 Unfallszenarien sind ähnlich gut wie die des vollständig trainierten Netzes. Insbesondere die Pfahlpositionen der bekannten Unfallszenarien können unter Einhaltung sehr geringer Streuungen sehr gut abgeschätzt werden. Bei der qualitativen Betrachtung fallen zwei kleine Ausreißer auf, die bei den Pfählen auf den Positionen 2 und 6 gemäß Bild 5.1 zu finden sind, jedoch aufgrund der geringen Differenz zum Vorgabewert zu vernachlässigen sind. Abstriche bezüglich der Güte sind bei den Abschätzungen der unbekannten Pfahlpositionen zu machen. Die Streuungen sind im Vergleich zu den Trainingsszenarien größer, aber dennoch geringer als beim vollständig trainierten KNN. Weiterhin kann für alle vier Pfahlpositionen festgestellt werden, dass die Streuungen nahezu konstant sind.

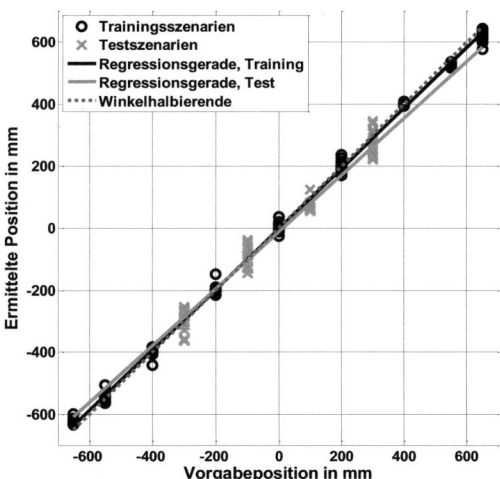

Bild 5.8:   Abschätzung der Pfahlposition bei geradem Pfahlaufprall unter Vernachlässigung von 4 Pfahlpositionen während des Trainings

Das sehr gute qualitative Ergebnis wird durch die eingehaltenen Fehlerschranken bestätigt (siehe Tabelle 5.7). Sowohl der maximale Fehler von 77 mm als auch die Standardabweichung der unbekannten Unfallszenarien sind auf dem Niveau des vollständig trainierten KNN. Einzig der mittlere Fehler ist mit 36 mm signifikant schlechter und spiegelt somit die große Streuung der unbekannten Pfahlpositionsabschätzungen wider.

Tabelle 5.7: Ausgabefehler des KNN bei der Abschätzung der Pfahlposition bei geradem Pfahlaufprall unter Vernachlässigung von 4 Pfahlpositionen während des Trainings

	Maximaler Fehler in mm	**Mittlerer Fehler in mm**	**Standardabweichung in mm**
Trainingsmenge	73,29	14,38	13,10
Testmenge	77,43	36,29	18,59
Gesamtmenge	77,43	21,12	18,07

Anhand der durchgeführten Untersuchung kann für die Abschätzung der Pfahlpositionen ausgesagt werden, dass neun Pfahlposition bereits zu sehr guten Ergebnissen führen. Es ist lediglich eine geringfügige Verschlechterung bei der Abschätzung der Pfahlposition im Vergleich zum vollständig trainierten KNN festzustellen. Dies stellt einen wesentlichen Unterschied zur erforderlichen Anzahl an Pfahlpositionen für eine genaue Abschätzung der Aufprallgeschwindigkeit in Fahrzeuglängsrichtung dar, da hier die Ergebnisse bei Vernachlässigung von vier Pfahlpositionen signifikant schlechter ausfallen. Somit könnte die Anzahl an Simulationen deutlich reduziert werden, wenn einzig die Pfahlposition bei der Klassifizierung des Unfallszenarios von Interesse wäre.

Zuletzt wird die Fähigkeit der Methode zur Pfahlpositionsabschätzung durch Vernachlässigen von fünf Geschwindigkeiten und vier Pfahlpositionen ausgewertet. Es ergibt sich somit eine Anzahl von 81 Unfallszenarien zum Training und 101 Unfallszenarien für das anschließende Testen. Es stellt sich somit ein Verhältnis von Trainings- zu Testszenarien von 30:70 ein. Die besten KNN für diese Trainingsvariante werden abermals mit einer Aufteilung der Trainingsmenge trainiert, die eine Nutzung von 70 % der Unfallszenarien zur Verbindungsgewichtsanpassung und 30 % für die Validierung vorsieht. Mit dieser Aufteilung ist ebenfalls das KNN trainiert worden, dessen Ergebnisse in Bild 5.9 gezeigt werden. Zudem besitzt das KNN elf Neuronen in der Zwischenschicht.

Die abgebildeten Ergebnisse weisen die grundsätzlichen Beobachtungen der beiden zuvor untersuchten Trainingsvarianten mit reduzierter Anzahl an Geschwindigkeitsstützstellen oder Pfahlpositionen auf. Insbesondere ist die verhältnismäßig große Streuung der Ergebnisse für unbekannte Pfahlpositionen im Vergleich zu Pfahlpositionen aus dem Training auffällig. Eine Ausnahme zu dieser Feststellung stellt Pfahlposition 3 dar, die sich mittig vor dem Fahrzeug befindet und ebenfalls verhältnismäßig stark streut. Mit Ausnahme dieser mittigen Pfahlposition können die Pfahlpositionen für Unfallszenarien mit unbekannten Geschwindigkeiten, aber bekannten Pfahlpositionen sehr genau abgeschätzt werden. Des Weiteren kann die sehr gute Abschätzung der Pfahlpositionen für die Trainingsszenarien aus der geringen Anzahl an sichtbaren schwarzen Kreisen gefolgert werden, da diese von den grauen Kreuzen der Testszenarien überlagert sind. Dies ist in der Vorgehensweise der Ploterstellung begründet. Während der Ploterstellung werden die bekannten Unfallszenarien stets vor den unbekannten Unfallszenarien eingezeichnet und damit von den Markern der unbekannten Unfallszenarien überdeckt. Ausnahmen mit kleinen Ausreißern sind folglich neben der bereits angesprochenen Pfahlposition 3 die Pfahlpositionen 6 und 9.

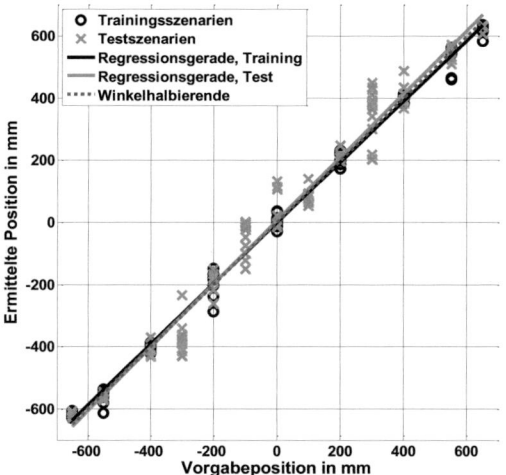

Bild 5.9: *Abschätzung der Pfahlposition bei geradem Pfahlaufprall unter Vernachlässigung von 5 Geschwindigkeiten und 4 Pfahlpositionen während des Trainings*

Die qualitativen Erkenntnisse spiegeln sich in den zusammengefassten Fehlerwerten in Tabelle 5.8 wieder. Bei der Abschätzung der Pfahlposition für Trainingsszenarien sind hinsichtlich des maximalen Fehlers und der Standardabweichung geringfügige Verschlechterungen im Vergleich zum vollständig trainierten KNN festzustellen. Deutlich größere Fehlerwerte werden jedoch für die unbekannten Trainingsszenarien ermittelt. Sowohl für den maximalen Fehler als auch für den mittleren Fehler und die zugehörige Standardabweichung muss im Vergleich zum vollständig trainierten KNN eine Verdopplung akzeptiert werden. Alle drei Fehlergrößen können noch als gut bezeichnet werden, sind aber durch eine größere Anzahl an Unfallszenarien deutlich zu verbessern.

Tabelle 5.8: Ausgabefehler des KNN bei der Abschätzung der Pfahlposition bei geradem Pfahlaufprall unter Vernachlässigung von 5 Geschwindigkeiten und 4 Pfahlpositionen während des Trainings

	Maximaler Fehler in mm	**Mittlerer Fehler in mm**	**Standardabweichung in mm**
Trainingsmenge	89,41	21,06	19,72
Testmenge	149,89	46,93	39,06
Gesamtmenge	149,89	36,69	35,10

Die dargestellten Ergebnisse zeigen, dass mithilfe eines gut trainierten KNN für verschiedene Unfallszenarien die Position des Pfahlhindernisses sehr gut abzuschätzen ist. Wie auch bei der Bestimmung der Aufprallgeschwindigkeit in Fahrzeuglängsrichtung, wird der Einsatzbereich durch die begrenzenden Geschwindigkeiten und Pfahlpositionen eingeschränkt. Ebenfalls ist auch bei der Positionsbestimmung der Pfahldurchmesser zu beachten. Für gesonderte Untersuchungen zum Einfluss dieses Parameters auf die Güte der Methode zur Klassifizierung von Unfallszenarien sei auf Unterabschnitt 5.3.2 verwiesen.

Mit der sehr guten Abschätzung der Pfahlposition ist der zweite wesentliche Parameter zur Klassifizierung von Unfallszenarien mit geradem Pfahlaufprall bekannt. Folglich kann ein Unfallszenario, bei dem es zu einem geraden Aufprall gegen ein Pfahlhindernis kommt, genau beschrieben werden.

5.1.3 Schlussfolgerungen zur Klassifizierung von geraden Pfahlunfällen

Es konnte gezeigt werden, dass durch Abschätzung der Aufprallgeschwindigkeit in Fahrzeuglängsrichtung und der Pfahlposition die beiden wesentlichen Unfallparameter zur Beschreibung eines Unfallszenarios, bei dem es zu einem geraden Aufprall gegen ein Pfahlhindernis kommt, gut klassifiziert werden können. Das Wissen über beide Unfallparameter macht somit eine bedarfsgerechte Auslösung der Rückhaltesysteme für ein solches Unfallszenario möglich und bietet Potential zur weiteren Verbesserung der passiven Sicherheit. Unter Berücksichtigung der Erkenntnisse aus den ausführlichen Untersuchungen bezüglich der Abschätzung der Aufprallgeschwindigkeit in Fahrzeuglängsrichtung können folgende Schlüsse gezogen werden:

Zum einen ist es ausreichend, den Geschwindigkeitsbereich von 18 km/h bis 60 km/h durch acht Stützstellen abzudecken. Aufgrund der Generalisierungsfähigkeit eines gut trainierten KNN können alle Geschwindigkeiten, die sich in diesem Intervall befinden, innerhalb der in Tabelle 5.2 gegebenen Fehlerschranken, abgeschätzt werden. Ebenso ist die Anzahl dieser acht Geschwindigkeitsstützstellen für die Abschätzung jeder Pfahlposition ausreichend, wenn die Fehlerschranken aus Tabelle 5.6 einzuhalten sind. Eingeschränkt wird die abzuschätzende Pfahlposition dadurch, dass sich das Pfahlhindernis zwischen den Positionen 1 und 5 befinden und somit eine maximale Verschiebung von ±650 mm aus der Fahrzeugmitte heraus eingehalten werden muss.

Es sollten während des Trainings der KNN zumindest 13 verschiedene Pfahlpositionen berücksichtigt werden. Dies geht aus den Erkenntnissen hervor, die aus den Auswertungen der Trainingsergebnisse gewonnen werden, bei denen nur neun Pfahlpositionen berücksichtigt worden sind. Insbesondere die Aufprallgeschwindigkeit in Fahrzeuglängsrichtung ist deutlich schlechter für die unbekannten Pfahlpositionen zu bestimmen. Aber auch bei der Abschätzung der Pfahlpositionen sind geringe Verschlechterungen auszumachen. Daher würde das Gesamtergebnis erheblich unter einer zu geringen Anzahl an Pfahlpositionen leiden, die während des Trainings berücksichtigt werden.

Zusammenfassend kann festgestellt werden, dass mithilfe der 19 Eingangsparameter eine genaue Klassifizierung eines Unfallszenarios, bei dem es zu einem geraden Aufprall gegen ein Pfahlhindernis kommt, möglich ist. Die Eingangsparameter werden dazu im Wesentlichen aus drei Beschleunigungssensoren und der Gierrate gewonnen. Für das Training und das anschließende Testen der KNN sind 104 Unfallszenarien notwendig. Ein solches KNN wäre verwendungsfähig für einen Geschwindigkeitsbereich von 18 km/h bis 60 km/h und nahezu alle frontal vor dem Fahrzeug positionierten Pfahlhindernisse.

5.2 Unfallparameterabschätzung beim schrägen Pfahlaufprall

Im Folgenden werden Unfallszenarien betrachtet, bei denen es zu einem schrägen Pfahlaufprall kommt. Ein schräger Pfahlaufprall ist durch einen Winkel gekennzeichnet, der von den 0° des geraden Pfahlaufpralls in positive und negative Richtung abweicht. Neben der Aufprallgeschwindigkeit in Fahrzeuglängsrichtung und der Pfahlposition gibt es somit in der Aufprallgeschwindigkeit in Fahrzeugquerrichtung einen weiteren Unfallparameter. Zur vollständigen Beschreibung der Unfallszenarien sind daher alle drei Unfallparameter abzuschätzen.

Zur Untersuchung der Leistungsfähigkeit eines KNN in Unfallszenarien mit schrägen Hindernisaufprällen werden weiterhin sowohl 14 Stützstellen für den Geschwindigkeitsbereich von 18 km/h bis 60 km/h als auch 13 Hindernispositionen berücksichtigt. Sowohl die 14 Geschwindigkeitsstützstellen als auch die 13 Hindernispositionen sind identisch mit denen aus Abschnitt 5.1. Hinzu kommen weitere Simulationen, in denen der Aufprallwinkel zwischen -80° und +80° variiert. Der gesamte Aufprallwinkelbereich wird durch 19 Stützstellen abgebildet, die sowohl aus Tabelle 3.2 als auch dem Anhang A entnommen werden können. Ein grundsätzliches Unfallszenario ist in Bild 5.10 dargestellt.

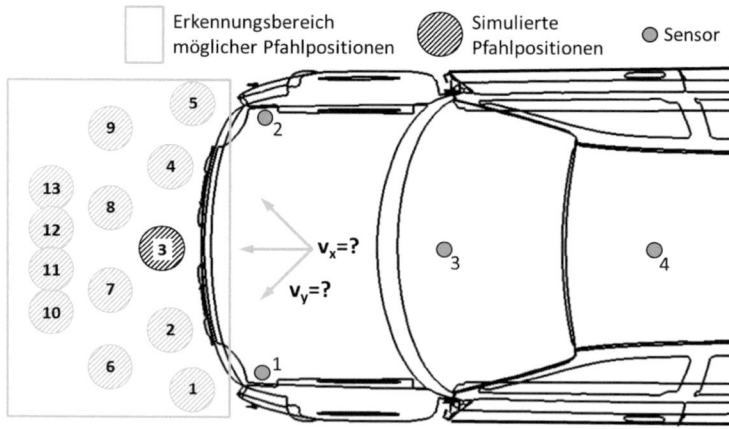

Bild 5.10: *Allgemeines Unfallszenario bei schrägem Pfahlaufprall*

Aus den Kombinationen aller Geschwindigkeiten, Pfahlpositionen und Aufprallwinkeln ergeben sich 3458 Unfallszenarien, für die eine Abschätzung der der drei Unfallparameter durchgeführt wird. In 136 Unfallszenarien kommt es jedoch aufgrund des Zusammenspiels von Pfahlposition und Aufprallwinkel nicht zum Pfahlaufprall, da sich das Fahrzeug an dem Pfahl vorbeibewegt. Dadurch reduziert sich die Anzahl der untersuchten Unfallszenarien auf 3322. Zunächst wird im folgenden Unterabschnitt 5.2.1 die Abschätzung der Aufprallgeschwindigkeit in Fahrzeuglängsrichtung beschrieben. Anschließend werden im zweiten Unterabschnitt die Ergebnisse der Aufprallgeschwindigkeit in Fahrzeugquerrichtung abgeschätzt und dargestellt. Als letztes wird zur Erreichung einer vollständigen Klassifizierung des Unfallszenarios im Unterabschnitt 5.2.3 die Position des Pfahlhindernisses abgeschätzt. Auch dieser Abschnitt wird mit einer Darstellung aller Schlussfolgerungen, die aus den Ergebnissen gewonnen werden, abgeschlossen und ist Inhalt des Unterabschnitts 5.2.4.

5.2.1 Abschätzung der Aufprallgeschwindigkeit in Fahrzeuglängsrichtung beim schrägen Pfahlaufprall

Im Folgenden wird das Vorgehen bei der Abschätzung der Aufprallgeschwindigkeit in Fahrzeuglängsrichtung dargestellt. Zudem werden die Ergebnisse hinsichtlich ihrer Güte bewertet.

Die Abschätzung der Aufprallgeschwindigkeit $v_{längs}$ berechnet sich durch

$$v_{längs} = v_{ges} \cdot \cos(\alpha), \tag{5.1}$$

wobei v_{ges} die Gesamtgeschwindigkeit des Fahrzeugs ist und α den Aufprallwinkel gegen das Pfahlhindernis kennzeichnet. Für den in Unterabschnitt 5.1.1 ausführlich betrachteten Sonderfall des geraden Pfahlaufpralls entspricht die Aufprallgeschwindigkeit in Fahrzeuglängsrichtung stets der Gesamtgeschwindigkeit des Fahrzeugs.

Als Eingangsparameter werden weiterhin die bereits in Abschnitt 5.1 genannten Größen genutzt, die durch 19 Neuronen in der Eingangsschicht des KNN erfasst werden. Allerdings ist die Aufgabenstellung an das KNN deutlich umfangreicher und somit wird die Anzahl der verdeckten Neuronen in einem größeren Bereich von 9 bis 33 verändert. Dadurch wird das Training zeitintensiver. Der größeren Anzahl an verdeckten Neuronen steht aufgrund des erweiterten Spektrums an Unfallszenarien die größere Menge an Trainingsmustern gegenüber. Somit wird der Bedingung eines zumindest ausgeglichenen Verhältnisses zwischen Verbindungsgewichten und Trainingsdatensätzen Rechnung getragen.

Auch der größere Umfang an Unfallszenarien führt zu einem deutlich zeitintensiveren Training. In jeder Trainingsepoche wird jedes Trainingsmuster einmal verwendet und mit der Ausgabe des KNN abgeglichen. Zudem wird geprüft, ob die Erkenntnisse hinsichtlich einer reduzierten Anzahl an Geschwindigkeitsstützstellen auch auf Unfallszenarien mit schrägen Pfahlaufprällen übertragbar sind. Darüber hinaus werden zuerst 60 % (1993 Unfallszenarien) aller Muster für das Training und die Validierung und die übrigen 40 % (1329 Unfallszenarien) für das anschließende Testen eingesetzt. Die Zuordnung der Unfallszenarien erfolgt erneut zufällig und die zugehörigen KNN werden als vollständig trainierte KNN bezeichnet.

Die Ergebnisse des besten KNN zur Abschätzung der Aufprallgeschwindigkeit in Fahrzeuglängsrichtung für Unfallszenarien mit schrägem Pfahlaufprall sind in Bild 5.11 abgebildet. Ergebnisse zu Unfallszenarien, die zum Training genutzt werden, sind weiterhin durch einen schwarzen Kreis gekennzeichnet. Mit einem grauen Kreuz sind dagegen Ergebnisse markiert, die dem KNN unbekannt sind und zur Prüfung der Generalisierungsfähigkeit eingesetzt werden. Darüber hinaus sind für die beiden Gruppen die zugehörigen Regressionsgeraden in den entsprechenden Farben eingezeichnet. Diese können leicht ins Verhältnis zu der Winkelhalbierenden gesetzt werden, die durch eine dunkelgraue Punktlinie dargestellt ist und ein ideales Ausgabeergebnis repräsentiert.

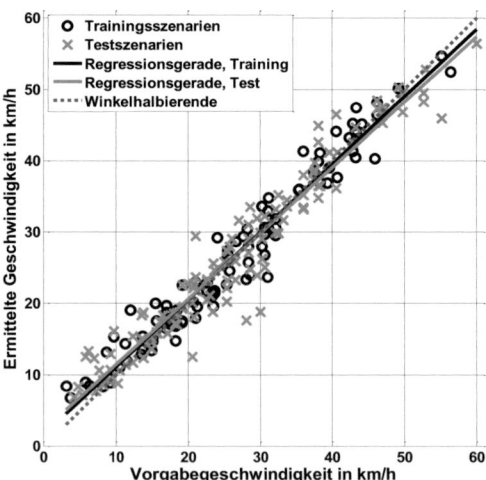

Bild 5.11: *Abschätzung der Aufprallgeschwindigkeit in Fahrzeuglängsrichtung bei schrägem Pfahlaufprall unter Berücksichtigung aller Geschwindigkeiten und Pfahlpositionen während des Trainings*

Aufgrund der großen Menge an Unfallszenarien handelt es sich bei den dargestellten Ergebnissen um 1/10 der Gesamtmenge. Anderenfalls wäre keine übersichtliche und differenzierbare Darstellung möglich. Die dargestellten Ergebnisse sind zufällig gewählt, wobei auf eine repräsentative Wiedergabe der Leistungsfähigkeit des Netzes geachtet wird. Für eine genaue Betrachtung aller Ausgabeergebnisse des KNN sei auf Anhang A.3 verwiesen.

Das zu den dargestellten Ergebnissen gehörige KNN besitzt 19 Neuronen in der Zwischenschicht und hat 2/3 der Trainingsszenarien zum Anpassen der Verbindungsgewichte und 1/3 für das Validieren genutzt. Sowohl für die Trainings- als auch für die Testszenarien weisen die zugehörigen Regressionsgeraden eine sehr gute Annäherung an die Winkelhalbierende auf. Zudem unterliegen die meisten der ermittelten Ergebnisse einer sehr engen Streuung und sind ebenfalls bezeichnend für die Güte der Ausgaben des KNN. Die wenigen auffallenden Ausreißer treten in Bild 5.11 mehrheitlich im Geschwindigkeitsbereich von 20 km/h bis 30 km/h auf. Zudem sind alle Ausreißer Bestandteil der Testmenge und dem KNN folglich unbekannt. Allerdings entsprechen diese Beobachtungen nicht dem Verhalten des KNN über alle 3322 Unfallszenarien hinweg. Wie den Bildern in Anhang A.3 und der Tabelle 5.9 zu entnehmen ist, sind die Ergebnisse zu den unbekannten Unfallszenarien auf dem gleichen Niveau wie jene für die bekannten Unfallszenarien. Zudem kann den Bildern in Anhang A.3 entnommen werden, dass die Streuungen der Ergebnisse über den gesamten Geschwindigkeitsbereich nahezu konstant bleiben. Mithilfe dieser Erkenntnisse kann die Generalisierungsfähigkeit des KNN als sehr gut bezeichnet werden.

Insbesondere im Vergleich zu den Ergebnissen der geraden Unfallszenarien kann positiv festgestellt werden, dass die qualitativen Verschlechterungen trotz der stark gestiegenen Komplexität gering sind. Zuletzt bleibt festzustellen, dass der überwiegende Anteil der dargestellten Ergebnisse im Geschwindigkeitsintervall von 15 km/h bis 40 km/h liegt. Dies entspricht der tatsächlichen Geschwindigkeitsverteilung in der Menge der untersuchten Unfallszenarien.

Die guten qualitativen Eindrücke der zufällig ausgewählten Unfallszenarien, die aus Bild 5.11 gewonnen werden, werden deutlich durch die berechneten und in Tabelle 5.9 zusammengestellten Fehlerwerte bestätigt. Vor allem die geringe Streuung über alle 3322 Unfallszenarien spiegelt sich in einem mittleren Fehler von 2,16 km/h und einer zugehörigen Standabweichung von 2,00 km/h wider. Dies ist in beiden Fällen ein geringer Anstieg von 0,6 km/h im Vergleich zum vollständig trainierten KNN für gerade Unfallszenarien und somit sehr gut zu vertreten. Weiterhin kann positiv festgestellt werden, dass die Fehlerwerte zwischen Trainings- und Testszenarien sehr ausgeglichen sind. Somit kann dem KNN eine sehr gute Generalisierungsfähigkeit zugesagt werden. Die einzige schlechte Entwicklung ist bei der Betrachtung des maximalen Fehlers auszumachen, der mit 14,93 km/h um etwa 7 km/h steigt und somit einer Verdopplung zum vergleichenden KNN für gerade Aufprallszenarien entspricht. Solch große Abweichungen von der Vorgabegeschwindigkeit finden sich jedoch ausschließlich bei höheren Aufprallgeschwindigkeiten und sind somit akzeptabel.

Tabelle 5.9:   Ausgabefehler des KNN bei der Abschätzung der Aufprallgeschwindigkeit in Fahrzeuglängsrichtung bei schrägem Pfahlaufprall unter Berücksichtigung aller Geschwindigkeiten und Pfahlpositionen während des Trainings

	Maximaler Fehler in km/h	**Mittlerer Fehler in km/h**	**Standardabweichung in km/h**
Trainingsmenge	13,71	2,08	1,90
Testmenge	14,93	2,28	2,14
Gesamtmenge	14,93	2,16	2,00

Eine geringfügige Verbesserung der Ausgabeergebnisse kann erzielt werden, wenn KNN mit einer größeren Anzahl an Neuronen in der Zwischenschicht eingesetzt werden. Beispielhaft seien dazu in Tabelle 5.10 die Fehlerwerte eines KNN dargestellt, das 32 verdeckte Neuronen besitzt. Vor allem der mittlere Fehler, aber auch die Standardabweichung, können um 0,27 km/h beziehungsweise 0,16 km/h signifikant reduziert werden. Die deutlichste Verbesserung ist jedoch beim maximalen Fehler festzustellen, der eine Reduzierung von etwa 2 km/h erfährt. Bemerkenswert ist darüber hinaus, dass der maximale Fehler für eines der Trainingsmuster ermittelt wird. Dies ist ein positives Anzeichen für eine gute Generalisierungsfähigkeit des KNN. Es ist jedoch bereits erläutert worden, dass KNN mit weniger verdeckten Neuronen aufgrund häufig besserer Generalisierungsfähigkeiten bevorzugt werden.

Tabelle 5.10: Ausgabefehler eines KNN mit 32 verdeckten Neuronen bei der Abschätzung der Aufprallgeschwindigkeit in Fahrzeuglängsrichtung bei schrägem Pfahlaufprall unter Berücksichtigung aller Geschwindigkeiten und Pfahlpositionen während des Trainings

	Maximaler Fehler in km/h	Mittlerer Fehler in km/h	Standardabweichung in km/h
Trainingsmenge	12,97	1,75	1,71
Testmenge	12,19	2,10	2,00
Gesamtmenge	12,97	1,89	1,84

Wie auch bei der Erstellung der KNN für Unfallszenarien mit geraden Pfahlaufprällen, könnte der Umfang an notwendigen Simulationen durch eine Reduzierung der Geschwindigkeitsstützstellen stark verringert werden. Daher werden Untersuchungen durchgeführt, für die lediglich acht Geschwindigkeiten während des Trainings verwendet werden. Die acht Geschwindigkeiten sind identisch mit denen in Abschnitt 5.1 und können Anhang A.2 entnommen werden. Dadurch stehen dem KNN, abzüglich der aufprallosen Unfallszenarien, 1899 Unfallszenarien während des Trainings zur Verfügung. Die anschließende Prüfung der Generalisierungsfähigkeit erfolgt mit weiteren 1423 Unfallszenarien und somit ergibt sich zwischen Trainings- und Testszenarien ein Verhältnis von 57:43. Ein repräsentativer Auszug der Ergebnisse des besten KNN, das mit dieser Trainingsvariante trainiert wird, ist in Bild 5.12 dargestellt.

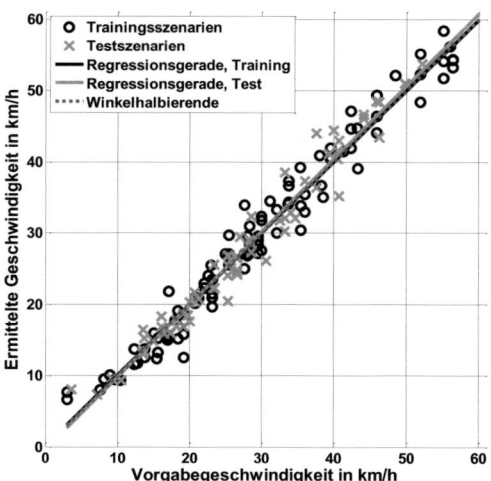

Bild 5.12: Abschätzung der Aufprallgeschwindigkeit in Fahrzeuglängsrichtung bei schrägem Pfahlaufprall unter Vernachlässigung von 6 Geschwindigkeiten während des Trainings

Das zu den Ergebnissen in Bild 5.12 gehörige KNN besitzt 31 Neuronen in der Zwischenschicht und wurde mit einer Aufteilung der Trainingsmenge von 70:30 trainiert. Die charakteristischen senkrechten Anordnungen der trainierten und der unbekannten Geschwindigkeiten, die in Bild 5.3 sehr deutlich sind, sind aufgrund der Vielzahl an verschiedenen Geschwindigkeiten infolge der Winkelaufprälle in diesem Auszug nicht zu erkennen. Dennoch kann festgestellt werden, dass die Abweichungen der abgeschätzten Aufprallgeschwindigkeit in Fahrzeuglängsrichtung für die unbekannten Unfallszenarien innerhalb der Fehlerschranken der bekannten Unfallszenarien liegen. Somit kann die Generalisierungsfähigkeit des KNN als sehr gut bezeichnet werden.

Darüber hinaus gibt Tabelle 5.11 Einblick in die tatsächlichen Fehlerwerte des vorgestellten KNN. Für die Gesamtmenge aller 3322 Unfallszenarien kann im Vergleich zu einem vollständig trainierten KNN eine Verbesserung aller drei Fehlergrößen erreicht werden. Insbesondere die Verbesserungen des maximalen Fehlers und der Standardabweichung sind mit etwa 10 % signifikant. Eine weitere bemerkenswerte Eigenschaft des KNN ist die herausragende Generalisierungsfähigkeit. Diese wird durch drei geringere Fehlergrößen für die Testszenarien im Vergleich zu den Trainingsszenarien bestätigt.

Tabelle 5.11: Ausgabefehler eines KNN mit 31 verdeckten Neuronen bei der Abschätzung der Aufprallgeschwindigkeit in Fahrzeuglängsrichtung bei schrägem Pfahlaufprall unter Vernachlässigung von 6 Geschwindigkeiten während des Trainings

	Maximaler Fehler in km/h	Mittlerer Fehler in km/h	Standardabweichung in km/h
Trainingsmenge	11,38	1,89	1,72
Testmenge	9,81	1,82	1,67
Gesamtmenge	11,38	1,86	1,70

Geringfügig schlechtere Ergebnisse lassen sich mit KNN erzielen, die beispielsweise mit 13 verdeckten Neuronen deutlich weniger verdeckte Neuronen besitzen. Für alle drei Fehlergrößen ist für ein KNN mit einer deutlich geringeren Anzahl an Zwischenschichtneuronen ein Anstieg der Fehlergrößen von 10 % bis 20 % zu verzeichnen. Folglich sind die erzielten Ergebnisse weiterhin als sehr gut einzustufen.

Mit den dargelegten Ergebnissen kann eindeutig festgestellt werden, dass für das Training eines KNN zur Abschätzung der Aufprallgeschwindigkeit in Fahrzeuglängsrichtung ausnahmslos acht Geschwindigkeitsstützstellen für einen Geschwindigkeitsbereich von 18 km/h bis 60 km/h ausreichend sind. Eine Berücksichtigung weiterer Geschwindigkeitsstützstellen führt nur in Einzelfällen zu einer Verbesserung der Ergebnisse. Somit stimmen die Erkenntnisse für Unfallszenarien mit schrägen Pfahlaufprällen mit denen für gerade Pfahlaufprälle überein.

5.2.2 Abschätzung der Aufprallgeschwindigkeit in Fahrzeugquerrichtung beim schrägen Pfahlaufprall

Die Abschätzung der Aufprallgeschwindigkeit in Fahrzeugquerrichtung ist notwendig, um in einem entsprechenden Unfallszenario seitliche Rückhaltesysteme gezielt auslösen zu können. Die Aufprallgeschwindigkeit in Fahrzeugquerrichtung v_{quer} berechnet sich in Anlehnung an Formel (5.1) nach

$$v_{quer} = v_{ges} \cdot \sin(\alpha), \tag{5.2}$$

wobei v_{ges} weiterhin die Gesamtgeschwindigkeit des Fahrzeugs und α der Aufprallwinkel gegen das Pfahlhindernis sind. Der Umfang der Unfallszenarien ist identisch zu dem für die Abschätzung der Geschwindigkeit in Fahrzeuglängsrichtung aus Unterabschnitt 5.1.1 und ergibt sich zu 3322 Unfallszenarien, bei denen es zu einem Pfahlaufprall kommt. Ebenso sind die Eingangsparameter grundsätzlich identisch, allerdings werden die Beschleunigungssignale in Fahrzeugquerrichtung verarbeitet. Dies bezieht sich sowohl auf die Wavelettransformation des 10 ms langen Beschleunigungssignals als auch auf den angenäherten Beschleunigungsanstieg während der ersten 3 ms nach dem Zusammenstoß. Die Gierrate bleibt hiervon unberührt und ist somit deckungsgleich mit der, die für die Abschätzungen in Längsrichtung eingesetzt wird.

Die Verwendung der Beschleunigungssignale in Fahrzeugquerrichtung ist sinnvoll und notwendig, da es bei allen schrägen Zusammenstößen stets zwei spiegelsymmetrische Unfallszenarien gibt. Zwischen diesen beiden Unfallszenarien kann nicht unterschieden werden, wenn weiterhin Beschleunigungssignale in Längsrichtung verarbeitet werden, da diese nahezu deckungsgleich sind. Die geringen Unterschiede resultieren aufgrund der Anordnung der verschiedenen Aggregate aus dem asymmetrischen Aufbau eines Fahrzeugs, insbesondere im Motorraum. Gleichzeitig stellt die Spiegelsymmetrie der Unfallszenarien eine steigende Anforderung dar, die im Mittel zu einem Ansteigen der notwendigen Neuronen in der Zwischenschicht führt.

In Bild 5.13 sind die Abschätzungsergebnisse der Aufprallgeschwindigkeit in Fahrzeugquerrichtung des besten KNN dargestellt, welches 25 verdeckte Neuronen besitzt. Zudem werden 2/3 der Testszenarien für das Anpassen der Verbindungsgewichte genutzt und 1/3 für die anschließende Validierung. Die Darstellungen der Ergebnisse für Trainings- und Testszenarien sowie der zugehörigen Regressionsgeraden bleiben unverändert. Außerdem werden für eine bessere Übersichtlichkeit erneut nur 10 % der Unfallszenarien dargestellt. Die Ergebnisse zu allen 3322 Unfallszenarien sind in Anhang A.3 abgebildet. Zuletzt sei angemerkt, dass negative Geschwindigkeiten eine Bewegung des Fahrzeugs aus Sicht des Fahrers nach links wiedergeben. Fahrzeugbewegungen aus Sicht des Fahrers nach rechts werden folglich durch positive Zahlenwerte ausgedrückt.

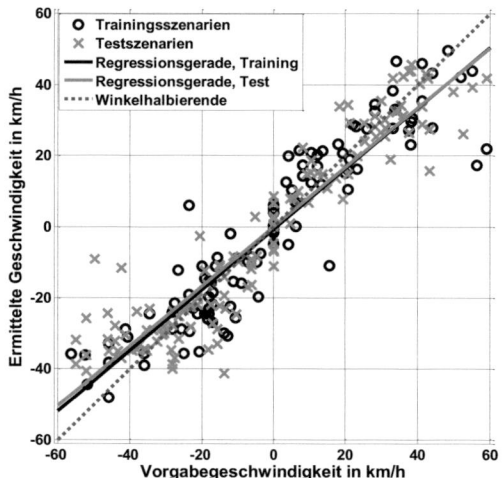

Bild 5.13: Abschätzung der Aufprallgeschwindigkeit in Fahrzeugquerrichtung bei schrägem Pfahlaufprall unter Berücksichtigung aller Geschwindigkeiten und Pfahlpositionen während des Trainings

Die höhere Komplexität führt zu deutlich schlechteren Ergebnissen im Vergleich zu der Geschwindigkeitsabschätzung in Fahrzeuglängsrichtung. Dies wird besonders deutlich durch den maximalen Fehler und die verhältnismäßig große Anzahl an Ausreißern dargestellt. Zudem weichen die Regressionsgeraden beider Unfallszenariomengen deutlich von der Winkelhalbierenden ab. Besonders schlecht können betragsmäßig große Geschwindigkeiten in Fahrzeugquerrichtung ab 40 km/h abgeschätzt werden. Aber auch bei betragsmäßig kleineren Geschwindigkeiten im Intervall von -40 km/h bis +40 km/h sind große Abweichungen festzustellen. Im Vergleich zur abgeschätzten Geschwindigkeit in Fahrzeuglängsrichtung verdreifacht sich der maximale Fehler auf 46 km/h. Aber auch der mittlere Fehler und die zugehörige Standardabweichung sind mit einem Vergrößerungsfaktor von 3,5 signifikant schlechter. Eine Übersicht der verschiedenen Fehler liefert Tabelle 5.12.

Tabelle 5.12: Ausgabefehler des KNN bei der Abschätzung der Aufprallgeschwindigkeit in Fahrzeugquerrichtung für Unfallszenarien mit schrägem Hindernisaufprall unter Berücksichtigung aller Geschwindigkeiten und Pfahlpositionen während des Trainings

	Maximaler Fehler in km/h	Mittlerer Fehler in km/h	Standardabweichung in km/h
Trainingsmenge	41,77	7,27	6,91
Testmenge	46,27	8,13	7,57
Gesamtmenge	46,27	7,62	7,20

Die deutlich schlechteren Abschätzungen sind einerseits mit der gestiegenen Komplexität der Aufgabenstellung und dem erweiterten Wertebereich zu erklären. Deutlich schwerer fällt jedoch ins Gewicht, dass auch bei geraden und leicht schrägen Aufprällen große Beschleunigungen in Fahrzeugquerrichtung auftreten. Die Amplitude der Querbeschleunigung ist hierbei stark von der Aufprallgeschwindigkeit abhängig. Aufgrund der großen Beschleunigungen in Fahrzeugquerrichtung kann schlecht zwischen schrägen und geraden Aufprällen unterschieden werden. Zudem unterscheiden sich die Querbeschleunigungen in Unfallszenarien mit verschiedenen Aufprallwinkeln, aber gleichen Gesamtgeschwindigkeiten nur geringfügig voneinander. Ähnlich verhält es sich bei gleichen Aufprallwinkeln, aber verschiedenen Gesamtgeschwindigkeiten. Somit ist eine Differenzierung zwischen den verschiedenen Unfallszenarien aufgrund der sehr ähnlichen Eingangssignale schwer möglich.

Auch mit einer steigenden Anzahl an Neuronen in der Zwischenschicht kann diesem Umstand nicht Rechnung getragen werden. Diese Erkenntnisse führen zusammengenommen zu einer verhältnismäßig schlechten Abschätzung der Aufprallgeschwindigkeit in Fahrzeugquerrichtung. Es sei jedoch auch erwähnt, dass einige KNN mit etwa 16 und somit deutlich weniger Neuronen in der Zwischenschicht nahezu vergleichbare Ergebnisse erzielen können.

Trotz der verhältnismäßig schlechten Ergebnisse bei der Abschätzung der Aufprallgeschwindigkeit in Fahrzeugquerrichtung wird der Einfluss der Geschwindigkeitsstützstellen genauer untersucht. Dazu wird während des Trainings der KNN erneut auf lediglich acht Geschwindigkeiten und somit 1899 Unfallszenarien zurückgegriffen. Die 1423 Unfallszenarien, die sich aus den sechs vernachlässigten Geschwindigkeiten ergeben, dienen dem anschließenden Testen des KNN. Ein repräsentativer Auszug der Ergebnisse des besten KNN, das mit dieser Trainingsvariante ausgebildet wird, kann Bild 5.14 entnommen werden.

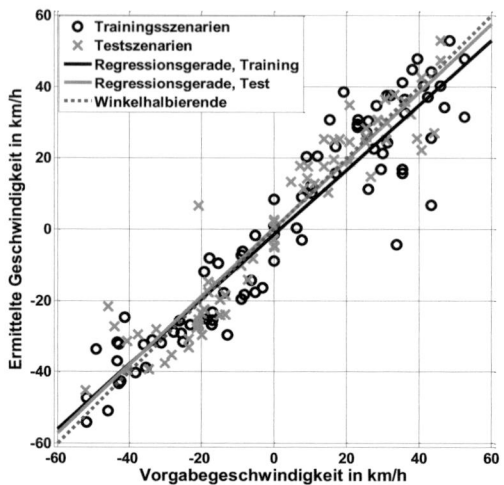

Bild 5.14: *Abschätzung der Aufprallgeschwindigkeit in Fahrzeugquerrichtung bei schrägem Pfahlaufprall unter Vernachlässigung von 6 Geschwindigkeiten während des Trainings*

Das zu den dargestellten Ergebnissen gehörige KNN besitzt 29 verdeckte Neuronen und hat die Anpassung der Verbindungsgewichte mit 65 % der Trainingsszenarien vollzogen. Folglich bleiben 35 % der Trainingsszenarien für die Validierung übrig. Sowohl in der Menge der Trainings- als auch in der Menge der Testszenarien gibt es große Abweichungen, die das Gesamtergebnis negativ beeinflussen. Allerdings sind einerseits die Streuungen und andererseits die größten Abweichungen der unbekannten Testszenarien kleiner als jene der Trainingsszenarien. Dies bestätigt eine sehr gute Generalisierungsfähigkeit, die ferner durch die in Tabelle 5.13 zusammengefassten Fehlerwerte unter Beweis gestellt wird.

Durch die modifizierte Trainingsvariante wird im Vergleich zum vollständig trainierten KNN eine Verringerung des mittleren Fehlers und der Standardabweichung von gut 10 % erreicht. Der maximale Fehler bleibt jedoch mit 46 km/h weiterhin auf einem hohen Niveau. Positiv zu erwähnen ist jedoch, dass alle Fehlerwerte der unbekannten Testszenarien geringer sind als jene für die bekannten Trainingsszenarien. Diese Entwicklung konnte bereits bei der

Abschätzung der Aufprallgeschwindigkeit in Fahrzeuglängsrichtung festgestellt werden. Folglich sprechen auch diese Erkenntnisse für eine deutlich bessere Generalisierungsfähigkeit des KNN, wenn statt eines vollständigen Trainings auf ein Training mit weniger Geschwindigkeitsstützstellen zurückgegriffen wird.

Tabelle 5.13: Ausgabefehler des KNN bei der Abschätzung der Aufprallgeschwindigkeit in Fahrzeugquerrichtung für Unfallszenarien mit schrägem Hindernisaufprall unter Vernachlässigen von 6 Geschwindigkeiten während des Trainings

	Maximaler Fehler in km/h	Mittlerer Fehler in km/h	Standardabweichung in km/h
Trainingsmenge	46,34	7,06	6,95
Testmenge	40,57	6,53	6,08
Gesamtmenge	46,34	6,84	6,60

Des Weiteren sind KNN mit deutlich weniger Zwischenschichtneuronen möglich, die lediglich zu einer geringfügigen Verschlechterung der Ergebnisse führen. Besonders bemerkenswert in dieser Hinsicht ist ein KNN, das lediglich 13 verdeckte Neuronen besitzt. Der maximale Fehler beträgt bei diesem KNN 46 km/h und bleibt somit unverändert im Vergleich zum obigen KNN. Allerdings erfahren der mittlere Fehler und die Standardabweichung eine geringfügige Zunahme von 15 % bzw. 10 %. Auch dieses Netz besitzt eine herausragende Generalisierungsfähigkeit, die durch geringere Fehlerwerte für die unbekannten Testszenarien als für die Trainingsszenarien bewiesen wird.

Die Abschätzung der Aufprallgeschwindigkeit in Fahrzeugquerrichtung ist im Gegensatz zur Abschätzung der Aufprallgeschwindigkeit in Fahrzeuglängsrichtung nur mit verhältnismäßig großen Fehlern möglich. Dies führt sowohl zu großen maximalen Abweichungen von etwa 45 km/h als auch zu größeren mittleren Abweichungen von etwa 7 km/h. Dennoch sind die Ergebnisse zur Klassifizierung von Unfallszenarien nützlich. Des Weiteren kann mit den gewonnenen Erkenntnissen auch für die Abschätzung der Aufprallgeschwindigkeit in Fahrzeugquerrichtung gezeigt werden, dass acht Geschwindigkeitsstützstellen für den betrachteten Geschwindigkeitsbereich ausreichend sind. Im Hinblick auf eine möglichst gute Generalisierungsfähigkeit ist diese Trainingsvariante besonders förderlich.

5.2.3 Abschätzung der Hindernisposition beim schrägen Pfahlaufprall

Es ist bereits für Unfallszenarien mit geraden Pfahlaufprällen in Abschnitt 5.1 auf die besondere Bedeutung der Abschätzung der Pfahlposition eingegangen worden. Erst mit Abschätzung der Pfahlposition ist eine vollständige Klassifizierung eines Unfallszenarios möglich. Folglich ist die Pfahlposition auch bei Unfallszenarien, bei denen es zu einem schrägen Aufprall gegen ein Pfahlhindernis kommt, möglichst genau abzuschätzen. Im Folgenden werden daher die Pfahlpositionen in den 3322 Unfallszenarien, die bereits Bestandteil der Untersuchungen in den vorangegangenen Unterabschnitten waren, abgeschätzt. Es sei noch einmal wiederholt, dass sich die 3322 Unfallszenarien aus der Multiplikation der 14 Geschwindigkeiten, der 13 Pfahlpositionen und der 19 Aufprallwinkel gegen das Pfahlhindernis abzüglich der 136 Unfallszenarien, bei denen es nicht zum Pfahlaufprall kommt, ergeben.

Die berücksichtigten Eingangsgrößen bleiben weiterhin unverändert und führen abermals zu 19 Neuronen in der Eingabeschicht. Zudem wird auch bei der Abschätzung der Pfahlposition aufgrund der gestiegenen Komplexität ein größerer Variationsbereich hinsichtlich der Anzahl an verdeckten Neuronen untersucht. Folglich ist der Trainingsvorgang der KNN zur Abschätzung der Pfahlposition ebenso aufwendig wie der für geeignete KNN, die letztlich die Aufprallgeschwindigkeiten in beide Fahrzeugrichtungen abschätzen.

Zuerst werden bestmögliche Abschätzungen der Pfahlpositionen unter Berücksichtigung aller Geschwindigkeiten und Pfahlpositionen während des Trainings angestrebt. Dazu werden von den 3322 Unfallszenarien erneut 60 % (1993 Unfallszenarien) für das Training und die Validierung und 40 % (1329 Unfallszenarien) für das anschließende Testen verwendet, wobei die Aufteilung zufällig erfolgt. In Bild 5.15 sind repräsentative Ergebnisse des leistungsstärksten KNN, das mit dieser Trainingsvariante trainiert wird, dargestellt. Es werden aufgrund der großen Anzahl an Unfallszenarien lediglich 10 % der Ausgabeergebnisse angezeigt, die jedoch die Ergebnisse der Gesamtmenge gut widerspiegeln.

Das zugehörige KNN besitzt 16 Neuronen in der Zwischenschicht und es werden 70 % der Trainingsszenarien zum Anpassen der Verbindungsgewichte und 30 % zur Validierung der Generalisierungsfähigkeit genutzt. Es ist unmittelbar festzustellen, dass die Ergebnisse zur Abschätzung der Pfahlposition für Unfallszenarien mit schrägen Pfahlaufprällen schlechter sind als jene für Unfallszenarien mit geraden Pfahlaufprällen. Diese Feststellung ist sowohl an der größeren Streuung als auch an den stärkeren Abweichungen, die zudem in größerer Anzahl vorhanden sind, festzumachen. Durch die dargestellten Ergebnisse wird darüber hinaus der Eindruck vermittelt, dass die Ergebnisse der Testszenarien deutlich schlechter sind als jene der Trainingsszenarien. Sowohl die zahlenmäßigen Fehlergrößen, die in Tabelle 5.14 zusammengefasst sind, als auch die Betrachtung aller Ausgabeergebnisse des KNN, die in Anhang A.3 einzusehen sind, widerlegen diesen Eindruck jedoch deutlich. Auch der Eindruck besonders großer Abweichungen bei einzelnen Hindernissen kann durch Hinzuziehen aller Ausgabeergebnisse entkräftet werden. Die Streuungen der Ergebnisse sind bei allen Pfahlhindernissen nahezu gleich.

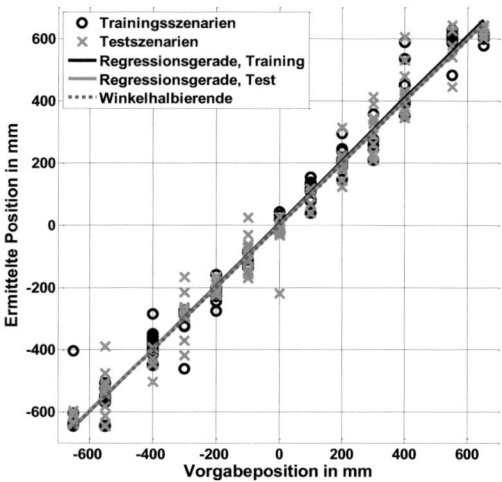

Bild 5.15: *Abschätzung der Pfahlposition bei schrägem Pfahllaufprall unter Berücksichtigung aller Geschwindigkeiten und Pfahlpositionen während des Trainings*

Die qualitativen Erkenntnisse aus Bild 5.15 werden durch die berechneten Fehlergrößen, die Tabelle 5.14 zu entnehmen sind, bestätigt. Insbesondere der maximale Fehler mit einem Wert von 424 mm bei der Abschätzung der Pfahlposition steigt mit einer Verfünffachung im Vergleich zum vollständig trainierten KNN für gerade Pfahllaufprälle immens an. Deutlich besser sind hingegen die Entwicklungen der mittleren Fehler mit 42 mm und der Standardabweichung mit 46 mm, die lediglich eine Verdopplung erfahren. Unter Berücksichtigung der außerordentlich guten Ergebnisse bei der Pfahlpositionsbestimmung bei geraden Pfahllaufprällen können die nun ermittelten Fehler für Unfallszenarien mit schrägen Pfahllaufprällen als gut bezeichnet werden. Zudem kann für eine große Anzahl an Unfallszenarien weiterhin die Position des Pfahlhindernisses sehr genau abgeschätzt werden.

Tabelle 5.14: Ausgabefehler des KNN bei der Abschätzung der Pfahlposition bei schrägem Pfahlaufprall unter Berücksichtigung aller Geschwindigkeiten und Pfahlpositionen während des Trainings

	Maximaler Fehler in mm	Mittlerer Fehler in mm	Standardabweichung in mm
Trainingsmenge	423	41,1	45,9
Testmenge	424	43,5	45,9
Gesamtmenge	424	42,1	45,9

Eine signifikante Verbesserung bei der Abschätzung der Pfahlposition ist zu erreichen, wenn eine größere Anzahl an Neuronen in der Zwischenschicht definiert wird. Am deutlichsten wird die Leistungssteigerung des KNN am maximalen Fehler deutlich, der um knapp 10 % im Vergleich zum oben vorgestellten KNN mit 16 Zwischenschichtneuronen auf 388 mm reduziert werden kann. Der Einfluss einer größeren Anzahl an verdeckten Neuronen ist somit bei der Abschätzung der Pfahlposition sehr ähnlich zu dem bei der Abschätzung der Aufprallgeschwindigkeit in Fahrzeuglängsrichtung.

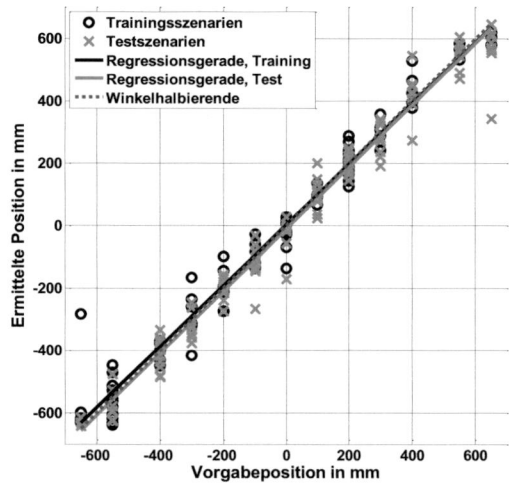

Bild 5.16: Abschätzung der Pfahlposition bei schrägem Pfahlaufprall unter Vernachlässigung von 6 Geschwindigkeiten während des Trainings

Abschließend werden die Ergebnisse der KNN ausgewertet, die die Pfahlposition abschätzen, jedoch mit einer reduzierten Anzahl an Geschwindigkeitsstützstellen trainiert werden. Dazu werden erneut die bereits mehrfach genannten acht Geschwindigkeitsstützstellen verwendet (siehe Anhang A.2). Die sich daraus ergebende Anzahl an Trainingsszenarien beträgt 1899 und steht somit 1423 Testszenarien gegenüber. Dies entspricht einem Verhältnis von 57:43 zwischen Trainings- und Testszenarien. Zu dieser Trainingsvariante wird in Bild 5.16 durch einen repräsentativen Auszug an Ergebnissen die Leistungsfähigkeit des besten Netzes gezeigt.

Für die dargestellte Leistung benötigt das verwendete KNN 29 Neuronen in der Zwischenschicht. Die qualitativen Ergebnisse bleiben von der im Vergleich zum vollständig trainierten KNN veränderten Aufteilung der Unfallszenarien unberührt. Weder ist eine Zunahme hinsichtlich der Streuung noch bezüglich der Abweichungen auszumachen. Ebenso liegen die Ergebnisse für unbekannte Unfallszenarien im Streubereich der bekannten Unfallszenarien und weisen dem KNN eine gute Generalisierungsfähigkeit aus.

Tabelle 5.15: Ausgabefehler des KNN bei der Abschätzung der Pfahlposition bei schrägem Pfahlaufprall unter Vernachlässigung von 6 Geschwindigkeiten während des Trainings

	Maximaler Fehler in mm	Mittlerer Fehler in mm	Standardabweichung in mm
Trainingsmenge	423	40,6	43,8
Testmenge	414	39,5	41,1
Gesamtmenge	423	40,1	42,7

Sowohl der maximale Fehler als auch der mittlere Fehler und die Standardabweichung sind signifikant kleiner als beim vollständig trainierten KNN. Insbesondere für die unbekannten Unfallszenarien sind die Verbesserungen von etwa 5 % bemerkenswert. Zudem liegen alle Fehlerwerte der unbekannten Unfallszenarien unterhalb derer, die für die Trainingsszenarien berechnet werden. Dies zeigt eine deutliche Steigerung der Generalisierungsfähigkeit an, die mit dieser Trainingsvariante erreicht wird. Darüber hinaus lassen die positiven Entwicklungen der Fehlergrößen den Rückschluss zu, dass auch für die Pfahlpositionsabschätzung eine Abdeckung des Geschwindigkeitsbereichs mit acht Stützstellen ausreichend ist.

Des Weiteren können ähnlich gute Ergebnisse mit KNN erreicht werden, die deutlich weniger verdeckte Neuronen besitzen. Beispielsweise gibt es ein KNN, das zwar im Vergleich zum vorgestellten KNN mit 29 verdeckten Neuronen einen Anstieg von 15 % beim mittleren Fehler und bei der Standardabweichung erfährt, dafür jedoch mit neun Neuronen in der verdeckten Schicht auskommt. Der maximale Fehler über alle 3322 Unfallszenarien bleibt mit 423 mm zudem unverändert und wird für die Testszenarien sogar auf 393 mm reduziert.

Mithilfe der durchgeführten Untersuchungen kann auch für die Abschätzung der Pfahlposition belegt werden, dass eine Abdeckung des betrachteten Geschwindigkeitsbereichs von 18 km/h bis 60 km/h mit acht Stützstellen vollkommen ausreichend ist. Dementsprechend stimmen die Ergebnisse bei der Pfahlpositionsbestimmung in Unfallszenarien mit schrägen Pfahlaufprällen sowohl mit denen für gerade Pfahlaufpräll als auch mit denen zur Geschwindigkeitsabschätzung in Fahrzeuglängsrichtung überein. Besonders positiv wirkt sich die Reduzierung der Geschwindigkeitsstützstellen zudem auf die Generalisierungsfähigkeit der KNN aus, die dadurch deutlich ansteigt.

5.2.4 Schlussfolgerungen zur Klassifizierung von schrägen Pfahlaufprällen

Ein Unfallszenario, bei dem es zu einem schrägen Pfahlaufprall kommt, ist im Wesentlichen durch drei Parameter beschrieben. Diese sind die Aufprallgeschwindigkeiten in Fahrzeuglängs- und Fahrzeugquerrichtung sowie die Position des Pfahlhindernisses. Durch eine entsprechende Abschätzung dieser drei Unfallparameter kann in einem solchen Unfallszenario eine bedarfsgerechte Auslösung frontaler und eventuell notwendiger seitlicher Rückhaltesysteme erfolgen. Zur Realisierung dieses Ziels können folgende Schlussfolgerungen aus den durchgeführten Untersuchungen für Unfallszenarien mit schrägen Pfahlaufprällen gezogen werden.

Zuerst kann festgehalten werden, dass auch bei schrägen Pfahlaufprällen der untersuchte Geschwindigkeitsbereich von 18 km/h bis 60 km/h gut durch acht Geschwindigkeitsstützstellen abgedeckt wird. Diese Erkenntnis stimmt mit den Ergebnissen überein, die bei der Untersuchung gerader Pfahlaufprälle gewonnen wurden. Für schräge Pfahlaufprälle lassen sich mit einem KNN, das lediglich anhand von acht Geschwindigkeiten trainiert wird, sogar geringfügig bessere Ergebnisse erzielen als mit einem vollständig trainierten KNN. Zudem wird die Generalisierungsfähigkeit deutlich gesteigert.

Aus den Schlussfolgerungen für gerade Pfahlaufprälle kann die Erkenntnis abgeleitet werden, dass für möglichst gute Abschätzergebnisse der Unfallparameter 13 verschiedene Pfahlpositionen berücksichtigt werden sollten. Diese Vorgabe wurde nicht weiter untersucht, da es aufgrund der komplexeren Aufgabenstellung äußerst unwahrscheinlich ist, dass gleichbleibend gute Ergebnisse auch mit weniger Pfahlpositionen zu erzielen sind. Weiterhin bilden die beiden äußersten Pfahlpositionen 1 und 5, die jeweils einen seitlichen Abstand von 650 mm zur Fahrzeugmitte aufweisen, die Grenzen des Funktionsbereichs der Methode zur Abschätzung von Unfallparametern.

Aufgrund der deutlich gewachsenen Komplexität der Aufgabenstellung im Vergleich zu den ausschließlich geraden Pfahlaufprällen ist die Abschätzung der Aufprallgeschwindigkeit in Fahrzeuglängsrichtung geringfügig schlechter. Eine Abschätzung der Aufprallgeschwindigkeit in Fahrzeugquerrichtung ist erheblich schwieriger und geht im Vergleich zur Fahrzeuglängsgeschwindigkeit mit deutlich größeren Fehlern einher. Begründet ist dieser Sachverhalt in den schlechter differenzierbaren Eingangssignalen, die sich teilweise auch in unterschiedlichen Unfallszenarien stark ähneln. Weiterhin sehr gut ist die Position des Pfahlhindernisses abzuschätzen, allerdings ist auch hier, ähnlich wie bei der Abschätzung der Fahrzeuglängsgeschwindigkeit, eine geringe Verschlechterung in den Ergebnissen festzustellen.

Zusammenfassend kann für Unfallszenarien mit schrägen Pfahlaufprällen festgehalten werden, dass mithilfe von 19 Eingangsparametern eine gute bis sehr gute Klassifizierung der drei wesentlichen Unfallparameter möglich ist. Schwierigkeiten sind jedoch bei der Abschätzung der Aufprallgeschwindigkeit in Fahrzeugquerrichtung vorhanden. Für das Training der eingesetzten KNN müssen zumindest 1899 Unfallszenarien simuliert und ausgewertet werden. Eventuell ist eine weitere Reduzierung durch Vernachlässigen einiger Aufprallwinkel möglich. Zudem sind sowohl der Geschwindigkeitsbereich von 18 km/h bis 60 km/h als auch der Bereich möglicher Pfahlhindernisse einzuhalten.

5.3 Untersuchungen zur Robustheit der Methode

Die Methode zur Abschätzung von verschiedenen Unfallparametern in frontalen Pfahlaufprällen soll möglichst unabhängig von äußeren Einflüssen sein, die nicht direkter Bestandteil des Unfallszenarios sind. Daher wird die Methode abschließend hinsichtlich ihrer Robustheit untersucht. Dazu wird einerseits im Unterabschnitt 5.3.1 das Fahrzeuggewicht variiert, was beispielsweise durch wechselnde Anzahlen an Fahrzeuginsassen oder eventueller Zuladungen hervorgerufen wird. Andererseits wird im zweiten Unterabschnitt durch Veränderung des Durchmessers die Geometrie des Pfahls deutlich verändert. Zuletzt erfolgt in Unterabschnitt 5.3.3 eine grundlegende Untersuchung der Eingangsparameter hinsichtlich charakteristischer Merkmale durch den Einsatz von SOM.

5.3.1 Untersuchung des Fahrzeuggewichtseinflusses

Im Folgenden wird der Einfluss des Fahrzeuggewichts hinsichtlich der Auswirkungen auf die Abschätzungsergebnisse der Aufprallgeschwindigkeit in Fahrzeuglängsrichtung und der Pfahlposition untersucht. Dazu werden in das FE-Gesamtfahrzeugmodell zusätzliche Massen im Motor-, Fahrer- und Kofferraum definiert (siehe Bild 5.17). Mithilfe einer erhöhten Motormasse soll einer größeren Motorisierungsvariante des Fahrzeugs Rechnung getragen werden. Durch definierte Massen im Fahrerraum wird die wechselnde Anzahl möglicher Insassen erfasst. Die Gewichtsänderung des Fahrzeugs, infolge von Zuladungen, wird durch eine Masse im Kofferraum berücksichtigt. Die Untersuchungen beziehen sich ausschließlich auf Unfallszenarien mit geraden Pfahlaufprällen.

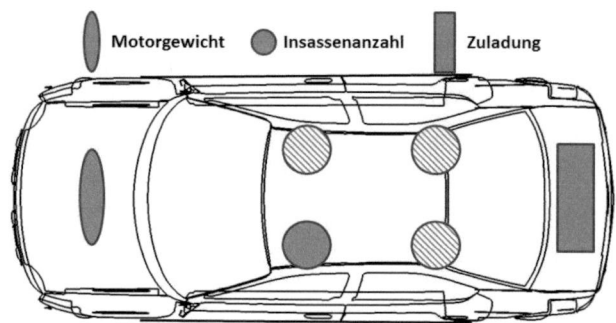

Bild 5.17: Mögliche Gewichtsanpassungen am FE-Gesamtfahrzeugmodell

Insgesamt werden vier neue Fahrzeugvarianten definiert und die daraus resultierenden Auswirkungen genauer untersucht (siehe Tabelle 5.16). In der ersten Variante wird lediglich das Gewicht des Motors um 25 kg erhöht, was infolge einer leistungsstärkeren Fahrzeugvariante durchaus möglich ist. Die zweite Variante berücksichtigt den Fahrer mit einem Gewicht von 80 kg. Das Gewicht wirkt auf die vordere linke Sitzschale des FE-Gesamtfahrzeugmodells. In der dritten Fahrzeugvariante werden zwei Insassen mit jeweils 80 kg abgebildet, die sich auf den beiden vorderen Sitzen befinden. Zudem wird ein Gepäckstück mit einem Gewicht von 30 kg im Kofferraum definiert. Somit ergibt sich eine Gesamtgewichtszunahme von 190 kg. Die letzte Variante stellt das Fahrzeugmodell mit maximaler Zuladung dar. Dazu werden insgesamt vier Insassen mit je 80 kg berücksichtigt, wobei die Gewichte zweier Insassen auf Höhe der Rücksitzbank auf das Fahrzeugmodell wirken. Zusätzlich wird die Masse der Kofferraumzuladung auf 80 kg erhöht und es ergibt sich somit ein Gesamtgewicht der Zuladung von 400 kg.

Tabelle 5.16: Übersicht der Gewichtsanpassungen in den verschiedenen Fahrzeugvarianten

Fahrzeug	Art der Gewichtsanpassung	Gewichtszunahme in kg	Gesamtgewicht in kg
Variante 1	Motorgewicht	25	975
Variante 2	1 Insasse	80	1030
Variante 3	2 Insassen und 30 kg Gepäck	190	1140
Variante 4	4 Insassen und 80 kg Gepäck	400	1350
Variante 0	Originalmodell	0	950

Um den Aufwand möglichst gering zu halten, werden mit den vier modifizierten Fahrzeugvarianten deutlich weniger Unfallszenarien berechnet. Einerseits werden lediglich Aufprälle mit 24 km/h, 36 km/h und 54 km/h simuliert, da dies ausreichend ist, um den gesamten Geschwindigkeitsbereich abzudecken. Andererseits werden nur Aufprälle simuliert, in denen sich das Pfahlhindernis auf den Positionen 1 bis 5 befindet. Somit ergibt sich eine Testmenge von 15 Unfallszenarien je Fahrzeugvariante und folglich 60 Unfallszenarien im Ganzen.

Die Wahl der Eingangsparameter bleibt unverändert, da nur somit die sechzig neuen Unfallszenarien mit den bereits vorgestellten KNN klassifiziert werden können. Folglich werden weiterhin die wavelettransformierten Beschleunigungssignale in x-Richtung und der angenäherte Beschleunigungsanstieg während der ersten 3 ms der drei von 1 bis 3 nummerierten Sensoren aus Bild 5.1 verwendet. Ferner dient die wavelettransformierte Gierrate als Eingangsparameter.

Es werden zur Überprüfung der Robustheit ausschließlich KNN berücksichtigt, die mithilfe der 182 Unfallszenarien trainiert wurden, bei denen es zu einem geraden Pfahlaufprall kommt. Dies gewährleistet aufgrund der geringeren Anzahl an Unfallszenarien im Vergleich zu den 3322 Unfallszenarien mit schrägen Pfahlaufprällen zum einen eine übersichtlichere Auswertung und zum anderen können die Erkenntnisse gut auf die Unfallszenarien mit schrägem Aufprall übertragen werden.

Zuerst wird der Einfluss der Fahrzeugvarianten auf die Abschätzung der Aufprallgeschwindigkeit in Fahrzeuglängsrichtung untersucht und anschließend wird der Einfluss auf die Hindernispositionsbestimmung näher beschrieben. Für eine transparente Darstellung werden ausschließlich die bisher vorgestellten KNN diskutiert. Zudem werden nur die KNN berücksichtigt, die mit acht Geschwindigkeitsstützstellen trainiert wurden.

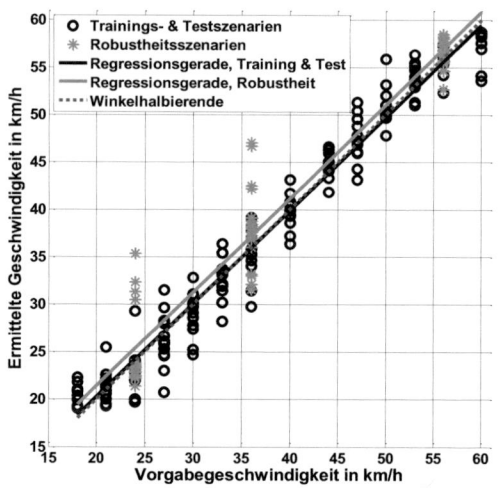

Bild 5.18: *Abschätzung der Aufprallgeschwindigkeit in Fahrzeuglängsrichtung bei geradem Pfahlaufprall für unbekannte Unfallszenarien mit modifizierten Fahrzeugvarianten*

In Bild 5.18 sind die Ergebnisse zur Abschätzung der Aufprallgeschwindigkeit in Fahrzeuglängsrichtung dargestellt. Das zugehörige KNN entspricht jenem, dessen Ergebnisse für die 182 ursprünglichen Unfallszenarien bereits in Bild 5.3 abgebildet wurden. Für eine bessere Übersichtlichkeit werden weiterhin nur zwei verschiedene Typen von Unfallszenarien unterschieden. Die Unterscheidung zwischen Trainings- und Testszenarien fällt weg, da fortan alle 182 ursprünglichen Unfallszenarien mit einem schwarzen Kreis gekennzeichnet werden. Mit der schwarzen Strichlinie wird die zugehörige Regressionsgerade abgebildet. Alle sechzig neuen Unfallszenarien, die mit den vier verschiedenen Fahrzeugmodifikationen gewonnen werden, werden durch einen grauen Stern markiert und als Robustheitsszenarien bezeichnet. Die zugehörige Regressionsgerade wird entsprechend durch eine graue Linie dargestellt.

Bei der Betrachtung der Ergebnisse fallen die drei überprüften Geschwindigkeiten von 24 km/h, 36 km/h und 56 km/h auf. Zur Erinnerung sei erwähnt, dass alle Unfallszenarien mit diesen drei Geschwindigkeiten Bestandteil des Trainings und somit dem KNN bekannt sind. Für den Großteil der sechzig neuen Unfallszenarien kann die Aufprallgeschwindigkeit in Fahrzeuglängsrichtung sehr genau abgeschätzt werden. Auffällig sind jedoch jeweils vier Ausreißer bei 24 km/h und 36 km/h, die genauer zu untersuchen sind.

Alle vier Ausreißer bei 24 km/h können je einer Fahrzeugvariante beim Aufprall gegen das Pfahlhindernis rechts außen auf Position 5 zugeordnet werden. Eventuell fehlerhafte Simulationen für die entsprechenden vier Unfallszenarien können jedoch aufgrund der Eingangssignale ausgeschlossen werden. Die Eingangssignale für diese vier Unfallszenarien sind den Eingangssignalen der ursprünglichen Fahrzeugvariante sehr ähnlich und weichen nicht stärker als die Eingangssignale anderer Unfallszenarien von den ursprünglichen Eingangssignalen ab. Somit ist der Fehler auf eine schwache Überanpassung des KNN zurückzuführen.

Aufgrund der geringen Anzahl von 104 Trainingsmustern im Vergleich zur großen Anzahl von 200 Verbindungsgewichten ergibt sich ein Verhältnis von 0,52. Wie bereits während der Darlegung der theoretischen Grundlagen für KNN ausgeführt, sollte stets ein Verhältnis zwischen Trainingsmustern und Verbindungsgewichten von mindesten 1 angestrebt werden. Ein Verhältnis von 1 ist jedoch in vielen technischen Anwendungen nicht zu gewährleisten und auch in diesem Fall nur bedingt zu erreichen. Ebenso wie die vier Ausreißer bei 24 km/h können die vier Ausreißer bei 36 km/h erklärt werden. Auch hier ist vornehmlich die geringe Überanpassung des KNN an die Trainingsszenarien für die verhältnismäßig große Abweichung vom Vorgabewert verantwortlich.

In Tabelle 5.17 sind die Fehlergrößen getrennt nach Fahrzeugvarianten zusammengefasst und werden den Ergebnissen der ursprünglichen Fahrzeugvariante 0 gegenübergestellt. Aufgrund der geringsten Gewichtsanpassung bei der Fahrzeugvariante 1, sind diese Ergebnisse am besten im Vergleich mit den Ergebnissen zu den ursprünglich 182 Unfallszenarien für Fahrzeugvariante 0. Wie zu erwarten, werden alle drei Fehlergrößen mit steigender Gewichtszunahme kontinuierlich größer und erfahren für Fahrzeugvariante 4 nahezu eine Verdopplung.

Unter Berücksichtigung der teilweise sehr starken Gewichtszunahme des Fahrzeugmodells, insbesondere im voll beladenen Zustand der Fahrzeugvariante 4, sind die Zunahmen der Fehlergrößen durchaus zu vertreten. Darüber hinaus kann die Abschätzung der Aufprallgeschwindigkeit in Fahrzeuglängsrichtung mit den in Tabelle 5.17 angegebenen Fehlern noch immer als genau bezeichnet werden.

Tabelle 5.17: Ausgabefehler des KNN bei der Abschätzung der Aufprallgeschwindigkeit in Fahrzeuglängsrichtung für die vier modifizierten Fahrzeugvarianten im Vergleich zu den 182 Unfallszenarien mit der ursprünglichen Fahrzeugvariante

Fahrzeug	Maximaler Fehler in km/h	Mittlerer Fehler in km/h	Standardabweichung in km/h
Variante 1	7,32	1,60	1,94
Variante 2	11,08	2,43	2,87
Variante 3	10,72	2,82	2,92
Variante 4	11,37	2,98	2,95
Variante 0	6,40	1,62	1,46

Trotz der Zunahme der Fehlerwerte kann für die Abschätzung der Aufprallgeschwindigkeit in Fahrzeuglängsrichtung festgehalten werden, dass die Methode zur Klassifizierung von Unfallszenarien robust ist. Selbst für eine Fahrzeugvariante mit einer Gewichtszunahme von 400 kg beziehungsweise von gut 40 % gegenüber dem ursprünglichen Fahrzeuggewicht sind genaue Abschätzungen möglich. Diese große Gewichtssteigerung entspricht dem maximalen Zuladungsgewicht des untersuchten Fahrzeugs und beschreibt folglich die obere Gewichtsgrenze des Gesamtfahrzeugs. Zudem wurde gezeigt, dass geringe Gewichtsanpassungen, beispielsweise infolge unterschiedlicher Motorisierungsvarianten, die in der Realität deutlich häufiger auftreten, nur äußerst geringe Auswirkungen auf die Güte der Aufprallgeschwindigkeitsabschätzung haben.

Im Folgenden werden die Auswirkungen der Gewichtsänderung am Fahrzeugmodell hinsichtlich der Hindernispositionsabschätzung untersucht. Die Ergebnisse des bereits in Bild 5.7 und Tabelle 5.6 vorgestellten KNN unter Hinzuziehung der 60 neuen Unfallszenarien sind in Bild 5.19 dargestellt. Wie schon das betrachtete KNN zur Abschätzung der Aufprallgeschwindigkeit in Fahrzeuglängsrichtung, wurde auch dieses KNN mit der reduzierten Anzahl von acht Geschwindigkeitsstützstellen trainiert. Für eine bessere Übersichtlichkeit werden alle Abschätzungsergebnisse der ursprünglichen 182 Trainings- und Testszenarien durch einen schwarzen Kreis markiert und die zugehörige Regressionsgerade durch eine schwarze Strichlinie. Die Ergebnisse zu den neuen und somit unbekannten sechzig Unfallszenarien der vier modifizierten Fahrzeugvarianten sind durch einen grauen Stern gekennzeichnet. Die zugehörige Regressionsgerade ist entsprechend als graue Linie eingezeichnet.

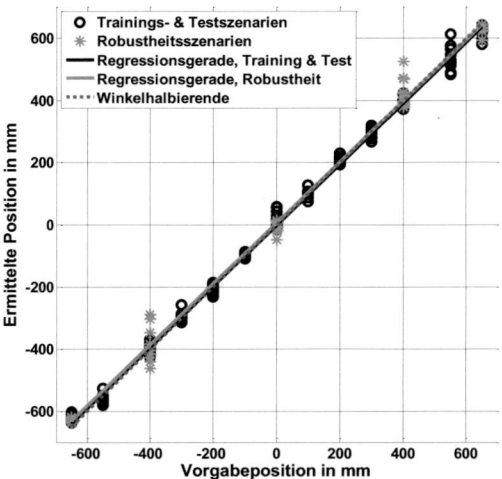

Bild 5.19: *Abschätzung der Pfahlposition bei geradem Pfahlaufprall für unbekannte Unfallszenarien mit modifizierten Fahrzeugvarianten*

Deutlich sichtbar sind die fünf berücksichtigten Pfähle, die sich auf den Positionen 1 bis 5 befinden. Weiterhin ergeben sich für jede Pfahlposition zwölf Unfallszenarien infolge der vier Fahrzeugvarianten und der drei oben genannten Geschwindigkeiten. Die Pfahlposition kann für alle 60 neuen Unfallszenarien sehr genau abgeschätzt werden. Lediglich bei der Pfahlposition 2 gibt es drei kleine Abweichungen und auf der Pfahlposition 4 sind zwei kleine Abweichungen festzustellen. Wie auch bei der Überprüfung der Aufprallgeschwindigkeit in Fahrzeuglängsrichtung für die vier modifizierten Fahrzeugvarianten, können die kleinen Abweichungen ausschließlich auf eine geringfügige Überanpassung des KNN zurückgeführt werden. Zudem stellen die fünf kleinen Ausreißer für die qualitative Güte des KNN einen unerheblichen Makel dar.

Der sehr positive Eindruck wird durch Überprüfung der statistischen Fehlergrößen in Tabelle 5.18 deutlich bestätigt. Erneut ist eine kontinuierliche Zunahme aller drei Fehlergrößen in Abhängigkeit der Fahrzeuggewichtserhöhung festzustellen. Allerdings kann die Vergrößerung des Motorgewichts vom KNN vollständig kompensiert werden, was durch gleichbleibende Fehlergrößen im Vergleich zu Fahrzeugvariante 0 ausgedrückt wird. Die weiteren Gewichtssteigerungen führen letztlich bei Fahrzeugvariante 4 erneut nahezu zu einer Verdopplung aller drei Fehlergrößen. Unter Berücksichtigung der sehr großen Gewichtssteigerung ist diese Entwicklung gut zu vertreten.

Tabelle 5.18: Ausgabefehler des KNN bei der Abschätzung der Pfahlposition für die vier modifizierten Fahrzeugvarianten im Vergleich zu den 182 Unfallszenarien mit der ursprünglichen Fahrzeugvariante

Fahrzeug	Maximaler Fehler in mm	Mittlerer Fehler in mm	Standardabweichung in mm
Variante 1	30,58	15,86	6,88
Variante 2	97,13	23,24	22,45
Variante 3	111,89	27,82	28,80
Variante 4	125,78	34,98	33,94
Variante 0	69,95	15,06	14,15

Auch für die Abschätzung der Pfahlpositionen kann somit festgehalten werden, dass die hier vorgestellte Methode zur Klassifizierung von Unfallszenarien sehr robust auf Gewichtsänderungen am Fahrzeugmodell reagiert. Insbesondere aufgrund der Berücksichtigung der oberen zulässigen Gewichtsgrenze des Gesamtfahrzeugs sind die Ergebnisse sehr aussagekräftig. Im Gegensatz zu den Ergebnissen bezüglich der Abschätzung der Aufprallgeschwindigkeit in Fahrzeuglängsrichtung besitzt das hier betrachtete KNN die Fähigkeit, geringe Gewichtsänderungen vollständig zu kompensieren. Darüber hinaus ist unter Hinzuziehung der qualitativen Erkenntnisse die Pfahlpositionsabschätzung gegenüber Gewichtsänderungen am Fahrzeugmodell deutlich robuster als die Abschätzung der Aufprallgeschwindigkeit in Fahrzeuglängsrichtung. Dies wird durch die geringe Anzahl und die geringeren Abweichungen belegt.

Die vorgestellten Ergebnisse zur Robustheit der Methode zur Klassifizierung von Unfallszenarien sind gut auf weitere KNN übertragbar. Alle KNN, die im Rahmen der vorangegangenen Untersuchungen sehr gut die Aufprallgeschwindigkeit in Fahrzeuglängsrichtung oder die Pfahlposition abschätzen konnten, reagieren sehr robust auf Gewichtsänderungen am Fahrzeugmodell. Somit handelt es sich bei den vorgestellten Ergebnissen keinesfalls um Zufälligkeiten, sondern die Ergebnisse und Erkenntnisse sind repräsentativ für alle im Vorfeld erzeugten KNN. Einzig die Überanpassung der KNN infolge des ungünstigen Verhältnisses zwischen Trainingsmuster und Verbindungsgewichten kann dazu führen, dass vereinzelte Unfallszenarien weniger gut klassifiziert werden können.

5.3.2 Untersuchung des Einflusses der Hindernisgeometrie

Nachfolgend werden Untersuchungen zum Einfluss des Hindernispfahldurchmessers durchgeführt und diskutiert. Zur Erstellung einer Gruppe von Unfallszenarien, die zur Überprüfung notwendig sind, werden weitere Simulationen durchgeführt. Diese Simulationen unterscheiden sich von den ursprünglichen Unfallszenarien darin, dass der Fahrzeugaufprall gegen einen im Durchmesser kleineren oder größeren Pfahl erfolgt.

Insgesamt werden Pfähle mit den in Tabelle 5.19 genannten vier neuen Pfahldurchmessern berücksichtigt, wobei der kleinste Pfahldurchmesser 127 mm und der größte 1450 mm beträgt. Die Wahl dieser beiden Pfahldurchmesser erfolgte nach realitätsnahen Gesichtsgründen. Mithilfe des kleinen Pfahldurchmessers wird der Pfahl eines Verkehrsschilds abgebildet und der große Pfahldurchmesser stellt eine Litfaßsäule dar. Sowohl kleinere als auch größere Pfahldurchmesser kommen im realen Verkehrsgeschehen nur in sehr seltenen Ausnahmefällen vor und werden daher vernachlässigt. Zudem besitzen Pfähle mit einem Pfahldurchmesser, der kleiner als 127 mm ist, nicht genug Festigkeit, um ein echtes Hindernis beim Aufprall eines Fahrzeugs darzustellen. Die beiden weiteren Pfahldurchmesser von 650 mm und 1050 mm resultieren aus der arithmetischen Aufteilung der Pfahldurchmesserspanne zwischen dem ursprünglichen Pfahl mit 254 mm und dem größten Pfahl mit 1450 mm.

Tabelle 5.19: Übersicht der berücksichtigten Pfahldurchmesser

	Pfahl 1	Pfahl 2	Pfahl 3	Pfahl 4	Pfahl 0
Pfahldurchmesser in mm	127	650	1050	1450	254

Um den Berechnungsaufwand möglichst gering zu halten, werden wiederum nur Unfallszenarien mit den drei Geschwindigkeiten von 24 km/h, 36 km/h und 56 km/h simuliert. Zudem wird die Robustheit anhand der Pfahlpositionen 1 bis 9 aus Bild 5.1 geprüft; somit ergeben sich pro Pfahldurchmesser 27 Unfallszenarien. Zusammengenommen stehen zur Prüfung der Robustheit 108 neue und somit unbekannte Unfallszenarien zur Verfügung.

Ebenso bleiben auch in dieser Untersuchung die Eingangsparameter unverändert. Somit werden weiterhin die wavelettransformierten Beschleunigungssignale in x-Richtung sowie der angenäherte Beschleunigungsanstieg während der ersten 3 ms der drei von 1 bis 3 nummerierten Sensoren aus Bild 5.1 verwendet. Ferner dient die wavelettransformierte Gierrate als Eingangsparameter.

Während der Überprüfung der Robustheit werden ausschließlich KNN berücksichtigt, die mithilfe der 182 geraden Pfahlaufprallszenarien trainiert wurden. Somit ist eine übersichtlichere Auswertung möglich und die Erkenntnisse können gut auf die Unfallszenarien mit schrägem Aufprall übertragen werden. Zuerst wird der Einfluss des Pfahldurchmessers auf die Abschätzung der Aufprallgeschwindigkeit in Fahrzeuglängsrichtung untersucht und anschließend wird auf den Einfluss bei der Hindernispositionsabschätzung näher eingegangen. Für eine transparente Darstellung werden ausschließlich die bisher vorgestellten KNN diskutiert. Zudem werden nur die KNN berücksichtigt, die mit acht Geschwindigkeitsstützstellen trainiert wurden.

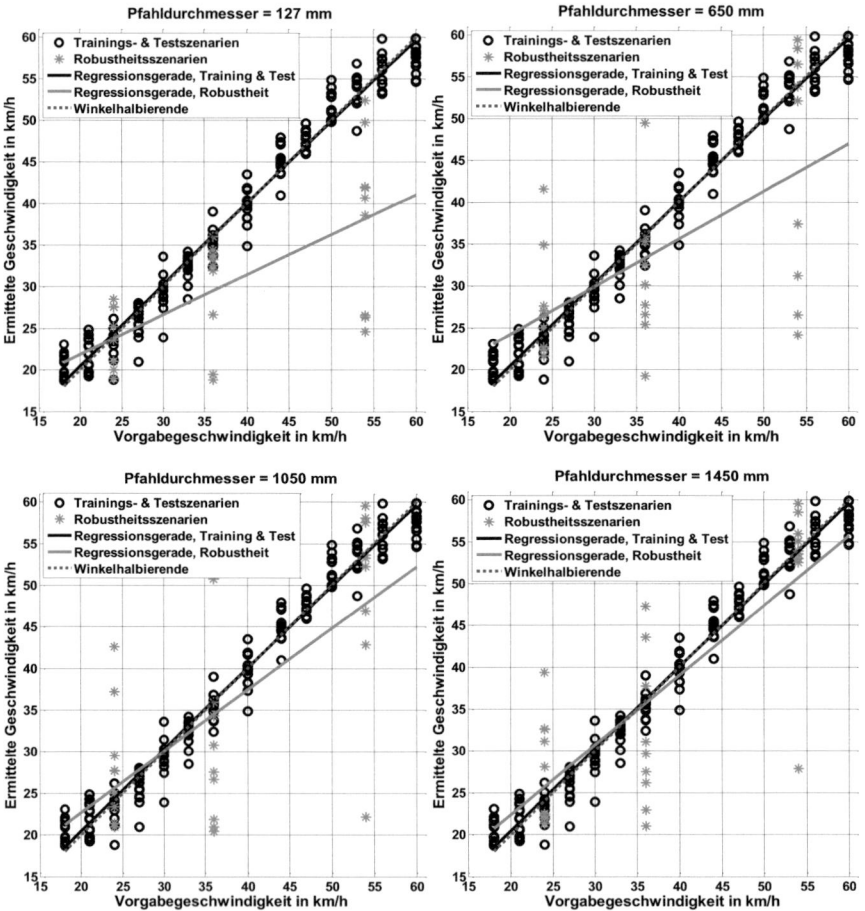

Bild 5.20: *Abschätzung der Aufprallgeschwindigkeit in Fahrzeuglängsrichtung bei geradem Pfahlaufprall für unbekannte Pfahldurchmesser*

Bild 5.20 zeigt die Ergebnisse zur Abschätzung der Aufprallgeschwindigkeit in Fahrzeuglängsrichtung. Aufgrund einer besseren Übersicht werden die Ergebnisse für jeden Pfahldurchmesser in einem separaten Teilbild dargestellt, wobei der Pfahldurchmesser von links nach rechts und von oben nach unten größer wird. Alle Ergebnisse zu den ursprünglichen 182 Unfallszenarien werden erneut durch einen schwarzen Kreis repräsentiert, d.h. es entfällt die getrennte Darstellung nach Trainings- und Testszenarien. Die Ergebnisse zu den neuen Unfallszenarien mit variierendem Pfahldurchmesser werden als Robustheitsszenarien bezeichnet und sind durch einen grauen Stern markiert. Sowohl zur ursprünglichen Unfallszenariogruppe als auch zur Gruppe der Robustheitsszenarien sind in der entsprechenden Graustufe die zugehörigen Regressionsgeraden eingezeichnet.

Deutlich zu erkennen sind die drei untersuchten Geschwindigkeiten in Höhe von 24 km/h, 36 km/h und 56 km/h. Für alle vier Pfahldurchmesser sind sehr starke Streuungen festzustellen, wobei diese teilweise von der betrachteten Geschwindigkeit abhängen. So sind bei einem Pfahl mit einem Durchmesser von 127 mm (Bild 5.20, oben links) Aufprälle mit 24 km/h verhältnismäßig genau abschätzbar. Die beiden höheren Geschwindigkeiten von 36 km/h und 56 km/h lassen sich für viele Unfallszenarien mit diesem Pfahldurchmesser hingegen nur sehr ungenau bestimmen. Ein anderes Bild ergibt sich bei der Betrachtung der Ergebnisse für Unfallszenarien mit einem Pfahl, der einen Durchmesser von 1450 mm aufweist (Bild 5.20, unten rechts). Für diesen Pfahl können bis auf eine Ausnahme alle Unfallszenarien mit einer Aufprallgeschwindigkeit in Fahrzeuglängsrichtung von 56 km/h sehr genau abgeschätzt werden. Unverkennbar schlechter und somit nur sehr bedingt zu gebrauchen sind die Ergebnisse für Aufprallgeschwindigkeiten von 24 km/h und 36 km/h. Für die beiden Pfahlvarianten 2 und 3 (Bild 5.20, oben rechts und unten links) treten bei allen drei Geschwindigkeiten stets mehrere große Abweichungen auf.

Aufgrund der Vielzahl an großen Abweichungen ist die geringe Leistungsfähigkeit nicht ausschließlich auf eine Überanpassung des KNN zurückzuführen. Zudem bringt die Untersuchung der Eingangsparameter die Erkenntnis, dass infolge der Variation des Pfahldurchmessers deutliche Änderungen in den Eingangsparametern auftreten. Dies resultiert aus dem teilweise stark abweichenden Unfallverhalten des Fahrzeugs im Vergleich zum ursprünglichen Pfahlaufprall, bei dem der Pfahl einen Durchmesser von 254 mm hatte. Aufgrund des veränderten Unfallverhaltens ergeben sich andere Beschleunigungsverläufe für die betrachteten Sensoren, die im Wesentlichen die Grundlage der Eingangsparameter darstellen.

Infolge der deutlichen Abweichungen und Streuungen, die bereits qualitativ festzustellen sind, wird auf eine detaillierte Auswertung der üblichen Fehlergrößen an dieser Stelle verzichtet. Allein die qualitativen Erkenntnisse reichen aus, um aussagen zu können, dass eine genaue Abschätzung der Aufprallgeschwindigkeit bei stark variierendem Pfahldurchmesser nicht gewährleistet werden kann.

Eine deutliche Verbesserung ist zu erzielen, wenn Unfallszenarien mit variierenden Pfahldurchmessern Bestandteil des Trainings der KNN sind. Dazu werden ergänzend zu den 182 Unfallszenarien, bei denen der Aufprall gegen einen Pfahl mit einem Durchmesser von 254 mm stattfindet, für drei weitere Pfahldurchmesser jeweils 182 Unfallszenarien simuliert. Sowohl die 14 Geschwindigkeitsstützstellen als auch die 13 Pfahlpositionen bleiben unverändert und stimmen somit mit den in Tabelle 3.2 angegebenen Werten überein. Bei den drei weiteren Pfahldurchmessern handelt es sich um die drei Pfahldurchmesser 2 bis 4 aus Tabelle 5.19. Damit ergibt sich eine Gesamtanzahl von 728 Unfallszenarien, die zum Training, Testen und Prüfen der Robustheit der KNN zur Verfügung stehen. Der Pfahl 1 mit einem Durchmesser von 127 mm wird in dieser Untersuchung nicht weiter berücksichtigt, da die geringe Festigkeit ohnehin häufig zu einem Umknicken des entsprechenden Pfahls führt.

Die Ergebnisse des besten Netzes sind getrennt nach den Pfahldurchmessern in Bild 5.21 dargestellt. Bekannte Unfallszenarien, die Bestandteil des Trainings sind, werden mit einem schwarzen Kreis und unbekannte Unfallszenarien, die dem Testen des KNN dienen, als graue Kreuze gekennzeichnet. Während des Trainings werden keine Unfallszenarien verwendet, in denen das Pfahlhindernis einen Durchmesser von 650 mm hat. Diese Unfallszenarien dienen im Anschluss der Robustheitsprüfung und die zugehörigen Ergebnisse sind in Bild 5.21, rechts oben, durch graue Sterne markiert.

Von den Unfallszenarien der drei übrigen Pfahldurchmesser 0, 3 und 4 dienen 80 % der 546 Unfallszenarien dem Training und der Validierung. Folglich sind dem KNN zu diesen drei Pfahldurchmessern 20 % der Unfallszenarien unbekannt und können zum Testen herangezogen werden. Zusätzlich zu den Darstellungen der einzelnen Ausgabeergebnisse des KNN sind in den entsprechenden Farben die zugehörigen Regressionsgeraden eingezeichnet.

Zuletzt sei gesagt, dass das KNN 17 verdeckte Neuronen besitzt. Somit besitzt es nicht mehr Neuronen in der Zwischenschicht wie alle bisher vorgestellten KNN, die zur Abschätzung der Aufprallgeschwindigkeit in Fahrzeuglängsrichtung bei geradem Pfahlaufprall genutzt wurden.

5.3 Untersuchungen zur Robustheit der Methode

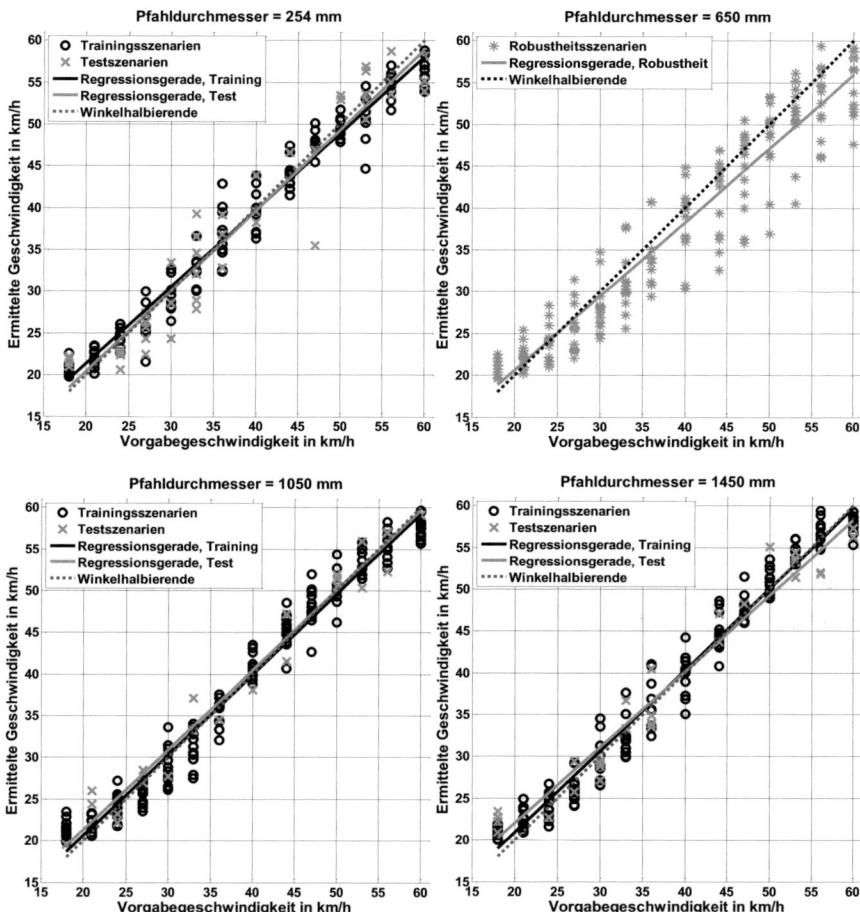

Bild 5.21: Abschätzung der Aufprallgeschwindigkeit in Fahrzeuglängsrichtung bei geradem Pfahlaufprall für drei bekannte und einen unbekannten Pfahldurchmesser

Nach dem Training des KNN mit Unfallszenarien, in denen verschiedene Pfahldurchmesser berücksichtigt wurden, ist die Abschätzung der Aufprallgeschwindigkeit sehr genau möglich. Diese Erkenntnisse können deutlich den Ergebnisdarstellungen für die drei Pfähle mit Durchmessern von 254 mm, 1050 mm und 1450 mm in Bild 5.21 entnommen werden. Zudem ist eine sehr gute Generalisierungsfähigkeit des KNN anhand der Streuungen der Testszenarien auszumachen, die nur unwesentlich größer sind als die der bekannten Trainingsszenarien. Einzig bei einem Aufprall mit 47 km/h gegen einen Pfahl mit einem Durchmesser von 254 mm (Bild 5.21, oben links) ist ein großer Ausreißer von gut 10 km/h festzustellen.

Des Weiteren besitzt das KNN eine gute Generalisierungsfähigkeit bezüglich Unfallszenarien, in denen es zu Aufprällen gegen einen Pfahl mit unbekanntem Pfahldurchmesser kommt. Der unbekannte Pfahldurchmesser beträgt 650 mm und weicht somit sowohl vom nächstkleineren als auch vom nächstgrößeren Pfahldurchmesser stark um 400 mm ab. Da alle Unfallparameter für diese Unfallszenarien unbekannt sind, dienen diese Unfallszenarien der Robustheitsprüfung des KNN und werden entsprechend als Robustheitsszenarien bezeichnet.

Die Ergebnisse zur Abschätzung der Aufprallgeschwindigkeit in Fahrzeuglängsrichtung für die Robustheitsszenarien sind in Bild 5.21, oben rechts, abgebildet. Die Streuungen dieser Ergebnisse sind größer als jene für die Testszenarien der drei bekannten Pfahldurchmesser. Zudem ist eine Zunahme der Streuweite mit steigender Geschwindigkeit auszumachen. Dennoch können die Ergebnisse als gut bezeichnet werden und zeigen, dass das KNN mit einem robusten Verhalten auf Unfallszenarien mit unbekannten Pfählen reagiert.

Eine Übersicht zu den Fehlergrößen der verschiedenen Unfallszenariokategorien befindet sich in Tabelle 5.20. Wie bei allen bisher vorgestellten KNN, die mit einer zufälligen Aufteilung der Unfallszenarien in Trainings- und Testszenarien trainiert wurden, sind die Fehlergrößen der Testszenarien geringfügig größer als die Fehlergrößen der Trainingsszenarien. Zudem vergrößern sich der maximale Fehler und der mittlere Fehler für die drei bekannten Pfahldurchmesser um etwa 20 % im Vergleich zum KNN, das ausschließlich Unfallszenarien mit einem Pfahldurchmesser ausgewertet hat. Die Fehlergrößen der Robustheitsszenarien sind von allen drei Unfallszenariokategorien am größten, allerdings in einem sehr gut vertretbaren Rahmen.

Tabelle 5.20: Ausgabefehler des KNN bei der Abschätzung der Aufprallgeschwindigkeit in Fahrzeuglängsrichtung bei geradem Pfahlaufprall für drei bekannte und einen unbekannten Pfahldurchmesser

	Maximaler Fehler in km/h	Mittlerer Fehler in km/h	Standardabweichung in km/h
Trainingsmenge	8,34	1,81	1,39
Testmenge	11,49	2,47	1,78
Robustheitsmenge	13,07	3,23	2,82
Gesamtmenge	13,07	2,26	1,99

5.3 Untersuchungen zur Robustheit der Methode

Mit den gezeigten Ergebnissen wird belegt, dass ein gut trainiertes KNN in der Lage ist, bei der Abschätzung der Aufprallgeschwindigkeit in Fahrzeuglängsrichtung sehr robust auf variierende und somit unbekannte Pfahldurchmesser zu reagieren. Dazu sind zur Abdeckung der hauptsächlich in der Realität vorkommenden Pfahldurchmesser lediglich drei bis vier verschiedene Durchmesser während des Trainings des KNN zu berücksichtigen.

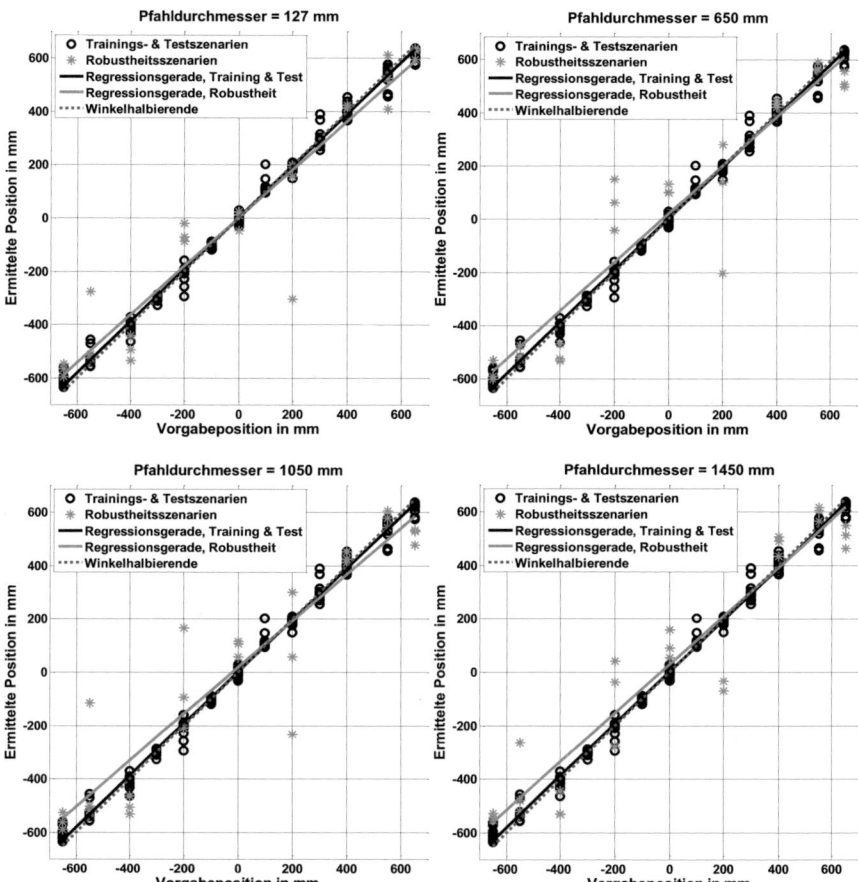

Bild 5.22: *Abschätzung der Pfahlposition bei geradem Pfahlaufprall für unbekannte Pfahldurchmesser*

Nachstehend wird die Robustheit der bisher betrachteten KNN hinsichtlich der Pfahlpositionsabschätzung bei Unfallszenarien mit unbekannten Pfahldurchmessern geprüft. Dazu sind in Bild 5.22 die Ergebnisse eines repräsentativen KNN zur Abschätzung der Pfahlposition dargestellt, wobei der betrachtete Pfahldurchmesser wiederum von links nach rechts und oben nach unten zunimmt. Folglich werden die Ergebnisse von jedem der vier neuen Pfahldurchmesser einzeln aus Tabelle 5.19 ins Verhältnis zu den Ergebnissen der ursprünglichen 182 Unfallszenarien gesetzt. Zudem werden die Ergebnisse der ursprünglichen 182 Unfallszenarien, die zum Training und Testen der KNN genutzt wurden, weiterhin durch schwarze Kreise und die Ergebnisse der Robustheitsszenarien durch graue Sterne markiert. Die zugehörigen Regressionsgeraden sind in den entsprechenden Farben ebenfalls dargestellt.

Für alle vier Pfahldurchmesser sind vereinzelt Ausreißer festzustellen, die teilweise erhebliche Abweichungen darstellen. Bei genauerer Betrachtung fällt auf, dass die Abweichungen für alle Pfahldurchmesser nahezu identisch auftreten. So erscheint beispielsweise bei drei der vier Pfahldurchmesser ein Ausreißer bei der Pfahlposition 6 (-550 mm). Dieser Ausreißer weicht immer nach oben vom vorgegebenen Wert ab und tritt stets bei der identischen Aufprallgeschwindigkeit auf. Ähnliche stark ausgeprägte Muster können für die Pfahlpositionen 7 (-200 mm) und 8 (200 mm) erkannt werden. Schwächere Ausprägungen dieser Art treten an den Pfahlpositionen 2 (-400 mm), 3 (0 mm), 5 (650 mm) und 6 (-400 mm) auf. Allerdings sei angemerkt, dass es sich nicht in allen Fällen stets um die gleichen Aufprallgeschwindigkeiten handelt. Somit sind die im Vergleich zu den Abschätzungen der Aufprallgeschwindigkeit in Fahrzeuglängsrichtung guten Ergebnisse ein Ausdruck für die Leistungsfähigkeit des KNN. Insbesondere die Ergebnisse für Unfallszenarien mit einem Pfahlhindernis, das einen Durchmesser von 127 mm besitzt (Bild 5.22, oben links), können mit Ausnahme der einen starken Abweichung als sehr gut bezeichnet werden. Je stärker jedoch der Durchmesser des modifizierten Pfahls vom ursprünglichen Pfahldurchmesser mit 254 mm abweicht, desto schlechter ist die Abschätzung der Pfahlposition möglich. Eine Überanpassung des KNN ist weiterhin nicht hauptverantwortlich für die vereinzelten Abweichungen, da die Eingangsergebnisse identisch zu jenen zur Abschätzung der Aufprallgeschwindigkeit in Fahrzeuglängsrichtung sind und somit stark vom jeweiligen Pfahldurchmesser beeinflusst werden.

Eine deutliche Verbesserung ist auch für die Abschätzung der Pfahlposition zu erzielen, wenn Unfallszenarien mit variierenden Pfahldurchmessern während des Trainings der KNN eingeschlossen werden. Dazu werden die bereits oben angesprochenen Unfallszenarien mit drei weiteren Pfahldurchmessern herangezogen und es ergibt sich eine Gesamtzahl an Unfallszenarien von 728. Die Aufteilung dieser 728 Unfallszenarien in Trainings-, Test- und Robustheitsszenarien erfolgt ebenfalls analog zu den Untersuchungen zur Abschätzung der Aufprallgeschwindigkeit in Fahrzeuglängsrichtung. Dies bedeutet, dass alle 182 Unfallszenarien, die einen Aufprall gegen ein Pfahlhindernis mit einem Durchmesser von 650 mm abbilden, ausschließlich zur Prüfung der Robustheit herangezogen werden. Die übrigen 546 Unfallszenarien der drei weiteren Pfahldurchmesser mit 254 mm, 1050 mm und 1450 mm werden wiederum zufällig zu 80 % in Trainings- und zu 20 % in Testszenarien aufgeteilt.

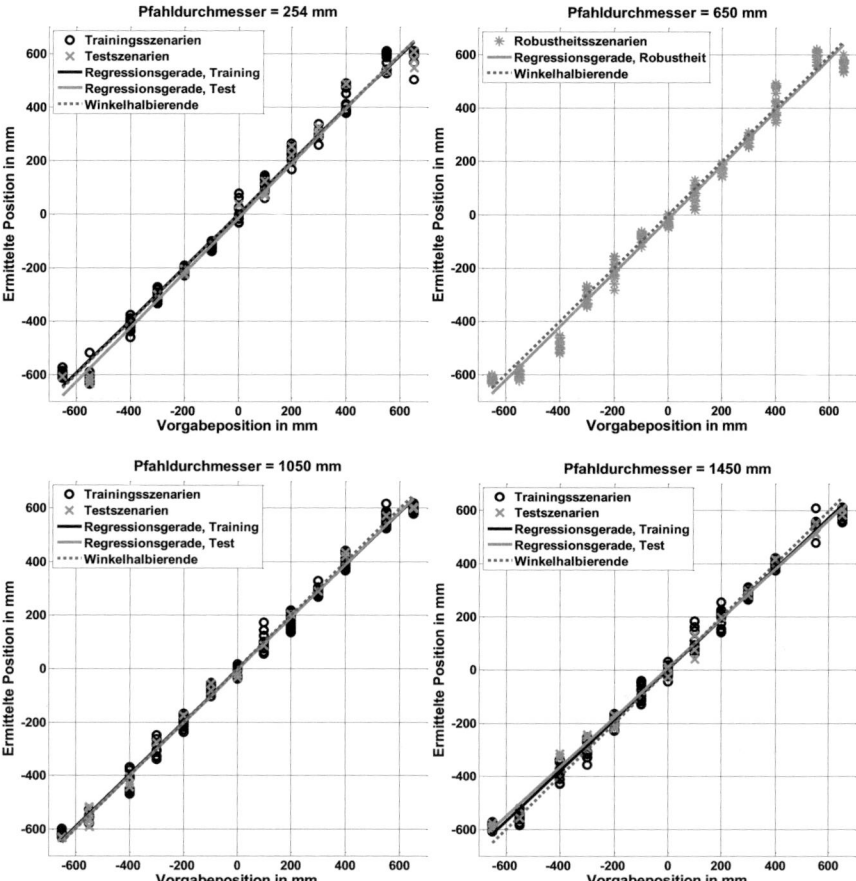

Bild 5.23: Abschätzung der Pfahlposition bei geradem Pfahlaufprall für drei bekannte und einen unbekannten Pfahldurchmesser

Bild 5.23 zeigt die Ergebnisse des besten Netzes zur Abschätzung der Pfahlposition, wobei die Unfallszenarien der verschiedenen Pfahldurchmesser voneinander getrennt sind. Bekannte Unfallszenarien, die Bestandteil des Trainings sind, werden mit einem schwarzen Kreis und unbekannte Unfallszenarien, die dem Testen des KNN dienen, als graue Kreuze gekennzeichnet. Da die

Unfallszenarien mit dem Pfahldurchmesser von 650 mm erneut ausschließlich der Prüfung der Robustheit dienen, werden diese in Bild 5.23, oben rechts, wiederum durch graue Sterne markiert. Wie gewohnt, werden zu allen Ausgabeergebnissen des KNN die zugehörigen Regressionsgeraden in den entsprechenden Farben eingezeichnet.

Besonders bemerkenswert ist die Größe des KNN, da es lediglich neun Neuronen in der verdeckten Schicht besitzt. Dies verdeutlicht, dass auch zur Abschätzung der Pfahlposition für Unfallszenarien mit verschiedenen Pfahldurchmessern nicht mehr Neuronen in der Zwischenschicht notwendig sind als bei allen bisher vorgestellten KNN, die Unfallszenarien mit einem Pfahldurchmesser klassifiziert haben.

Die in Bild 5.23 gezeigten Ergebnisse belegen, dass ein KNN mit einem entsprechenden Training so ausgebildet werden kann, dass auch für Unfallszenarien mit verschiedenen Pfahldurchmessern die Pfahlposition sehr genau abgeschätzt werden kann. Die Güte der Abschätzungen ist zudem unabhängig vom jeweiligen Pfahldurchmesser und die Streuungsweite ist über alle Positionen hinweg sehr konstant. Zudem können die Pfahlpositionen für Unfallszenarien mit einem gänzlich unbekannten Pfahldurchmesser sehr genau ermittelt werden (siehe Bild 5.23, oben rechts). Die Streuungen der Ergebnisse zu diesen Unfallszenarien sind nur geringfügig größer als jene zu den Unfallszenarien mit bekannten Pfahldurchmessern. Dadurch wird die sehr gute Generalisierungsfähigkeit des KNN ausgedrückt – unabhängig davon, ob es sich um Test- oder Robustheitsszenarien handelt. Ferner bestätigt dies die Robustheit des KNN auch auf Unfallszenarien mit gänzlich unbekannten Pfahldurchmessern mit genauen und zuverlässigen Ergebnissen zu antworten.

Tabelle 5.21: Ausgabefehler des KNN bei der Abschätzung der Pfahlposition bei geradem Pfahlaufprall für drei bekannte und einem unbekannten Pfahldurchmesser

	Maximaler Fehler in mm	Mittlerer Fehler in mm	Standardabweichung in mm
Trainingsmenge	146,4	28,0	21,3
Testmenge	101,5	31,6	24,1
Robustheitsmenge	120,8	41,5	28,6
Gesamtmenge	146,4	31,8	24,3

Eine Übersicht zu den Fehlergrößen der verschiedenen Unfallszenariogruppen gibt Tabelle 5.21. Auch bei diesem Netz wird die Tendenz bestätigt, dass die Fehlergrößen der Testszenarien bei einem KNN, das eine zufällige Aufteilung von Trainings- und Testszenarien zum Training nutzt, geringfügig größer sind als die der Trainingsszenarien. Eine Ausnahme stellt bei dem vorgestellten KNN der maximale Fehler dar, da dieser knapp 1/3 kleiner ist. Im Vergleich zu den Fehlergrößen des KNN, das nur Unfallszenarien mit einem Pfahldurchmesser zu bewerten hat (siehe Tabelle 5.5), sind die gezeigten Fehlergrößen etwa 40 % größer. Die größten Fehlergrößen von allen drei Unfallszenariogruppen treten bei den Robustheitsszenarien auf, können aber weiterhin als sehr gut eingestuft werden.

Mit den vorangegangenen Bewertungen der Ergebnisse wird belegt, dass ein KNN nach einem geeigneten Training die Fähigkeit besitzt, bei der Abschätzung der Pfahlposition sehr robust variierenden und somit unbekannten Pfahldurchmessern zu begegnen. Die Ergebnisse lassen zudem die Vermutung zu, dass zur Abdeckung aller realistischen Pfahldurchmesser eine Berücksichtigung von drei verschiedenen Durchmessern während des Trainings des KNN ausreicht.

Die getrennte Vorstellung der Ergebnisse zur Klassifizierung der beiden wesentlichen Unfallparametern bei geraden Pfahlaufprällen zeigen, dass die ursprünglich erzeugten KNN nur bedingt auf sich ändernde Unfallszenarien infolge einer Variation des Pfahldurchmessers mit genauen Abschätzungen reagieren können. Insbesondere die Abschätzung der Aufprallgeschwindigkeit in Fahrzeuglängsrichtung gelingt nur mit sehr großen Abweichungen.

Eine wesentliche Verbesserung ist zu erzielen, wenn während des Trainings der KNN Unfallszenarien mit mehreren Pfahldurchmessern eingeschlossen werden. Dies erhöht zwar den Berechnungsaufwand, führt jedoch gleichzeitig dazu, dass eine Überanpassung des KNN aufgrund eines deutlich besseren Verhältnisses zwischen Verbindungsgewichten und Trainingsszenarien vermieden wird.

Insgesamt sind zur Abdeckung aller im Straßenverkehr auftretenden Pfahldurchmesser Berechnungen mit drei bis vier Pfahldurchmessern notwendig. Dabei stellt der genormte Pfahl des Euro NCAP, der mit seinen Abmessungen einem Laternenpfahl entspricht, die untere Grenze und ein Pfahl mit einem Durchmesser von 1450 mm, der eine Litfaßsäule abbildet, die obere Grenze dar.

Nach der Berücksichtigung der verschiedenen Pfahldurchmesser während des Trainings reagiert das KNN sehr robust auf weitere Pfahldurchmesser. Auch für Unfallszenarien mit unbekannten Pfahldurchmessern kann sowohl die Aufprallgeschwindigkeit in Fahrzeuglängsrichtung als auch die Pfahlposition sehr genau abgeschätzt werden. Es ist zudem davon auszugehen, dass die Erkenntnisse auf die Abschätzung der Aufprallgeschwindigkeit in Fahrzeugquerrichtung übertragen werden können.

5.3.3 Untersuchung der Eingabedaten auf charakteristische Merkmale mit SOM

Im Folgenden werden die Eingabedaten noch einmal speziell auf charakteristische Merkmale hin untersucht. Diese charakteristischen Merkmalsunterschiede zeigen, dass es einem KNN aus den verwendeten Eingabedaten tatsächlich möglich ist, entsprechende Ausgaben abzuleiten. Gleichzeitig kann dadurch belegt werden, dass es sich bei den vorgestellten Ergebnissen nicht um zufällig besonders gute Ergebnisse handelt. Allerdings kann dieser Verdacht bereits durch die große Anzahl an KNN mit sehr guten Fähigkeiten und die im Vorangegangenen angestellten Untersuchungen zur Robustheit der Methode entkräftet werden.

Es ist bereits in Unterabschnitt 2.3.5 angemerkt worden, dass sich für eine solche Untersuchung die SOM besonders gut eignen. Als kurze Wiederholung sei in diesem Zusammenhang erwähnt, dass die SOM in der Lage sind, aus n-dimensionalen Eingabevektoren markante Eigenschaften miteinander zu vergleichen. In einem weiteren Schritt werden ähnliche Eingabevektoren durch räumlich dicht nebeneinanderliegende Neuronen in einer zweidimensionalen Ausgabedarstellung repräsentiert.

Für eine bessere Übersicht beziehen sich die folgenden Untersuchungen ausschließlich auf Unfallszenarien, bei denen sich ein gerader Pfahlaufprall ereignet. Zudem ist die Untersuchung der Gesamtmenge von 3322 Unfallszenarien äußerst zeitaufwendig und würde mehrere Tage oder gar Wochen in Anspruch nehmen. Des Weiteren können die im Folgenden diskutierten Erkenntnisse für gerade Unfallszenarien auf schräge Unfallszenarien übertragen werden. Somit werden die Eingabedaten zu allen 182 Unfallszenarien miteinander verglichen. Diese Untersuchung stellt damit zum einen eine sehr gute Ergänzung zu den beiden bereits vorgestellten Untersuchungen dar, die ebenfalls die Robustheit der Methode zur Klassifizierung von Unfallszenarien überprüft haben. Zum anderen kann so der Berechnungsaufwand deutlich reduziert werden, da die Rechendauer der SOM mit größer werdender Untersuchungsmenge exponentiell ansteigt.

Zunächst werden die Eingabedaten hinsichtlich ihrer Eignung zur Abschätzung der Aufprallgeschwindigkeit in Fahrzeuglängsrichtung geprüft. Entsprechend dienen als Ausgabevektor alle 182 Unfallszenarien. Die Darstellung einer entsprechenden SOM ist in Bild 5.24 dargestellt, wobei mit der Farbskala Geschwindigkeiten in km/h angegeben werden.

Die verwendete SOM besteht aus acht Neuronen, wobei sich zwei in horizontale und vier in vertikale Richtung ausstrecken und entlang der entsprechenden Achse nummeriert sind. Eine Größe von acht Neuronen ist ausreichend, da lediglich 14 Geschwindigkeiten voneinander zu unterscheiden sind. Des Weiteren befindet sich im rechten Teil von Bild 5.24 ein Konturplot, der deutlich feiner zwischen den links dargestellten Neuronen interpoliert. Somit kann man einen Eindruck gewinnen, welche Geschwindigkeiten von einem Neuron repräsentiert werden.

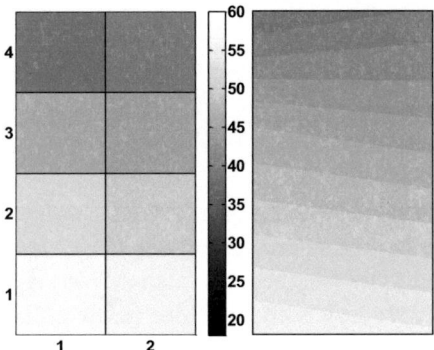

Bild 5.24: *SOM zu den Eingabedaten der 182 geraden Unfallszenarien zur Abschätzung der Aufprallgeschwindigkeit in Fahrzeuglängsrichtung in km/h*

Niedrige Geschwindigkeiten werden in Bild 5.24 dunkel und hohe Geschwindigkeiten sehr hell dargestellt. Aufgrund der guten farblichen Trennung ist deutlich zu erkennen, dass eine klare Unterscheidung zwischen den Eingabedaten aus Unfallszenarien mit hohen und niedrigen Geschwindigkeiten möglich ist. Negativ ist jedoch anzumerken, dass nur eine begrenzte Unterscheidung bei Eingabedaten aus Unfallszenarien mit Aufprallgeschwindigkeiten von 18 km/h bis 30 km/h gewährleistet ist. Daher besitzt das dunkelste Neuron lediglich eine dunkelgraue statt einer schwarzen Farbgebung.

Dennoch ist aus der gezeigten Darstellung klar ersichtlich, dass charakteristische Unterschiede in den Eingabedaten vorliegen. Somit beruhen die guten Ergebnisse zur Abschätzung der Aufprallgeschwindigkeit in Fahrzeuglängsrichtung nicht auf Zufälligkeiten, sondern besitzen deterministische Eigenschaften.

Im Folgenden werden die Eingabedaten hinsichtlich ihrer charakteristischen Merkmale zur Abschätzung der Pfahlposition geprüft. Dazu bleiben die Eingabedaten unverändert, allerdings wird der Zielvektor für die spätere graphische Darstellung entsprechend mit den 13 untersuchten Pfahlpositionen angepasst. Eine SOM mit Ergebnissen zu dieser Untersuchung ist in Bild 5.25 gezeigt, wobei hier die Farbskala die Position des Pfahlhindernisses in mm repräsentiert.

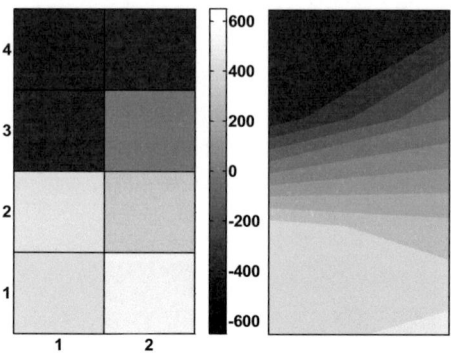

Bild 5.25: *SOM zu den Eingabedaten der 182 geraden Unfallszenarien zur Abschätzung der Pfahlposition in mm*

Die gezeigte SOM besteht ebenfalls aus acht Neuronen im Gesamten und zwei, beziehungsweise vier Neuronen zur Abdeckung der Ebene. Im linken Teil von Bild 5.25 repräsentiert jedes Neuron einen starren Wert der untersuchten Pfahlpositionen. Im Gegensatz dazu wird durch den rechts gezeigten Konturplot eine Übersicht gegeben, welcher Wertebereich von einem Neuron abgedeckt wird. Zur besseren Orientierung sei angemerkt, dass Pfahlpositionen mit einem negativen Wert, und somit linksseitig von der Fahrzeugmitte stehend, durch einen dunklen Ton abgebildet werden. Andererseits werden Pfahlpositionen, die sich rechts von der Fahrzeugmitte aus befinden und eine positive Entfernungsangabe besitzen, durch helle Töne gezeigt. Verhältnismäßig mittig vor dem Fahrzeug befindliche Pfähle weisen folglich einen Grauton zwischen diesen beiden Extremen auf.

Mithilfe der abgebildeten SOM kann deutlich gezeigt werden, dass die Eingabedaten auch charakteristische Unterschiede besitzen, die eine deterministische Abschätzung der Pfahlposition ermöglichen. Zudem sind deutlich markantere Unterschiede zwischen den Pfahlpositionen auszumachen, was durch einen wesentlich besser aufgeteilten Farbraum ausgedrückt wird. Lediglich der Bereich der Pfahlpositionen, die sich sehr weit links außen befinden, wird durch drei verhältnismäßig dunkle Neuronen überrepräsentiert.

Zusammenfassend kann mit den gezeigten Ergebnissen gezeigt werden, dass die verwendeten Eingabedaten sowohl hinsichtlich der Abschätzung der Aufprallgeschwindigkeit in Fahrzeuglängsrichtung als auch hinsichtlich der Abschätzung der Pfahlposition charakteristische Merkmale aufweisen. Somit können charakteristisch begründete Ausgabeergebnisse gewonnen werden, die nicht auf zufällige Gegebenheiten zurückzuführen sind.

Zudem kann festgehalten werden, dass die hier vorgestellten Erkenntnisse auch auf Unfallszenarien mit schrägen Pfahlaufprällen übertragbar sind. Diese Feststellung ist in den Ergebnissen begründet, die in den Untersuchungen zur notwendigen Dichte an Aufprallgeschwindigkeiten und Pfahlpositionen für Unfallszenarien mit schrägen Pfahlaufprällen dargelegt wurden. Die zugehörigen Ergebnisse wurden in Abschnitt 5.2 gezeigt und entsprechen qualitativ denen, die für Unfallszenarien mit geraden Pfahlaufprällen erzielt werden.

6 Zusammenfassung und Ausblick

Im Rahmen dieser Arbeit wurde eine Methode entwickelt, die eine Klassifizierung von Unfallszenarien während der ersten 10 ms des Unfalls ermöglicht. Somit ist ein bedarfsgerechter Einsatz der Rückhaltesysteme und ein daraus resultierender besserer Schutz der Insassen erzielbar. Die entwickelte Methode verwendet im Wesentlichen Beschleunigungs- und Gierratensignale, die mithilfe der aktuell vorhandenen Unfallsensorik eines modernen Fahrzeugs gewonnen werden. Mithilfe künstlicher neuronaler Netze wurden im Anschluss die zentralen Unfallparameter der verschiedenen Unfallszenarien sehr genau abgeschätzt. Im Allgemeinen handelt es sich bei den Unfallparametern um die Aufprallgeschwindigkeit gegen das Hindernis in Fahrzeuglängs- und Fahrzeugquerrichtung sowie um die Position des Hindernisses. Um die berücksichtigten Beschleunigungs- und Gierratensignale in einer geeigneten Form als Eingabeparameter für das künstliche neuronale Netz nutzen zu können, wurden die Signale in einem Zwischenschritt wavelettransformiert und diskretisiert. Zum Training der künstlichen neuronalen Netze sind bis zu 3322 Unfallszenarien notwendig. Diese konnten Dank leistungsstarker Computer mithilfe von Finite-Elemente-Simulationen eines Gesamtfahrzeugs in einem vertretbaren Zeitansatz gewonnen werden.

Nach einem erfolgreichen Training besitzt das künstliche neuronale Netz die Fähigkeit, unbekannte Unfallszenarien zu klassifizieren. Dabei ist jedoch zu berücksichtigen, dass das unbekannte Unfallszenario den trainierten Unfallszenarien ähnlich sein muss. Zur Ähnlichkeit gehören neben der Art des Hindernisses insbesondere die äußeren Grenzen des betrachteten Geschwindigkeits- und Hindernispositionsbereichs. Aufgrund der Klassifizierung des Unfallszenarios zu einem sehr frühen Unfallzeitpunkt sind Informationen vorhanden, die eine bedarfsgerechte Auslösung der Rückhaltesysteme ermöglichen.

Mit den dargelegten Ergebnissen liefert die in dieser Arbeit entwickelte Methode einen neuen Ansatz und kann dadurch deutlich zu anderen Arbeiten abgegrenzt werden, wie beispielsweise das Nutzen des Körperschalls zur Klassifizierung. Da in der vorgestellten Methode den künstlichen neuronalen Netzen das Hauptaugenmerk gewidmet wurde und mit diesen letztlich auch die Klassifizierung vollzogen worden ist, ist ohne weiteres ein paralleler Einsatz beider Methoden möglich. Zudem kann mit den gewonnenen Erkenntnissen die Entscheidung der Auslösung irreversibler Rückhaltesysteme unterstützt und verbessert werden. Des Weiteren können solche Informationen in der Praxis zur Übertragung an den Rettungsdienst genutzt werden, um somit bereits während der Fahrt des Rettungspersonals zur Unfallstelle Vorbereitungen treffen zu können (siehe RAUSCHNER [84]).

Zuletzt sei trotz der guten Ergebnisse, die in dieser Arbeit gewonnen werden konnten, auch auf mögliche Verbesserungen der vorgestellten Methode hingewiesen. Neben dem bereits angesprochenen Nutzen von Körperschallsensorsignalen stellen Informationen der Umfeldsensorik eine deutliche Unterstützung dar (siehe KÖNNING [59]). Beispielsweise kann eine erste Abschätzung der Position des Hindernisses bereits vor dem Aufprall erfolgen und diese Information zur anschließenden Abschätzung der Aufprallgeschwindigkeit genutzt werden. Dadurch ist die Aufprallgeschwindigkeit mit einer größeren Genauigkeit zu bestimmen.

A Anhang

A.1 Auflistung der variierten Unfallparameter in den FE-Gesamtfahrzeugsimulationen

Auflistung der Geschwindigkeiten

Die folgenden 14 Geschwindigkeiten decken den untersuchten Geschwindigkeitsbereich ab, der sich von 18 km/h bis 60 km/h erstreckt:

18 km/h, 21 km/h, 24 km/h, 27 km/h, 30 km/h, 33 km/h, 36 km/h,

40 km/h, 43 km/h, 47 km/h, 50 km/h, 53 km/h, 56 km/h und 60 km/h.

Auflistung der Pfahlpositionen

Über die gesamte Fahrzeugfront, die eine Breite von etwa 1600 mm aufweist, werden in den Simulationen die folgenden 13 verschiedenen Pfahlpositionierungen dargestellt und sind wie folgt nummeriert:

1. -650 mm   2. -400 mm   3. 0 mm   4. 400 mm   5. 650 mm

6. -525 mm   7. -200 mm   8. 200 mm   9. 525 mm

10. -300 mm   11. -100 mm   12. 100 mm   13. 300 mm

Der Pfahl Nummer 3, der eine Verschiebung von 0 mm aufweist, befindet sich mittig vor der Fahrzeugfront. Bei den übrigen Pfahlpositionen handelt es sich bei einem positiven Zahlenwert aus der Sicht des Fahrers um eine Verschiebung nach rechts und bei einer negativen Verschiebung um eine Verschiebung nach links. Darüber hinaus findet stets eine geringe Anpassung in Fahrzeuglängsrichtung statt, damit der Abstand zwischen Fahrzeug und Hindernispfahl stets 4,5 mm beträgt. Dies ist aufgrund der üblichen Wölbung einer Fahrzeugfront notwendig.

Auflistung der Aufprallwinkel

Der Aufprallwinkel wird in einem Bereich von -80° bis +80° Grad durch die folgenden 19 Stützstellen abgedeckt:

$0°, \pm 10°, \pm 20°, \pm 30°, \pm 40°, \pm 45°, \pm 50°, \pm 60°, \pm 70°$ und $\pm 80°$.

Bei einem Pfahlaufprall mit 0° handelt es sich um den geraden Aufprall, der durch einen ausschließlichen Geschwindigkeitsanteil in Fahrzeuglängsrichtung gekennzeichnet ist. Bei allen von 0° verschiedenen Aufprallwinkeln beschreiben die positiven Zahlenwerte einen Pfahlaufprall mit einem positiven Geschwindigkeitsanteil in Fahrzeugquerrichtung. Das Fahrzeug bewegt sich aus Fahrersicht folglich nach rechts. Bei negativen Zahlenwerten besitzt das Fahrzeug einen negativen Geschwindigkeitsanteil in Fahrzeugquerrichtung und bewegt sich somit aus Fahrersicht nach links.

A.2 Verwendete Trainingsvarianten

Vollständig trainiertes KNN

Beim vollständig trainierten KNN werden zufällig verschiedene Kombinationen von Aufprallgeschwindigkeit und Pfahlposition ausgewählt. In allen Untersuchungen, die in dieser Arbeit vorgestellt werden, werden stets 60 % der Unfallszenarien für das Training und 40 % für das anschließende Testen verwendet. Bei den Unfallszenarien mit einem geraden Pfahlaufprall ergibt sich aus der Multiplikation der 14 Geschwindigkeiten und der 13 Pfahlpositionen eine Gesamtzahl von 182 Unfallszenarien. Diese Anzahl muss bei den schrägen Zusammenstößen zusätzlich mit den 19 Aufprallwinkeln multipliziert werden und es ergeben sich 3458 Unfallszenarien. Allerdings verfehlt das Fahrzeug bei 136 schrägen Unfällen das Pfahlhindernis und folglich stehen für das Training und das Testen 3322 Unfallszenarien zur Verfügung.

A.2 Verwendete Trainingsvarianten

Training mit reduzierter Anzahl an Geschwindigkeiten

Beim Training der KNN mit einer reduzierten Anzahl an Geschwindigkeiten werden die folgenden sechs Geschwindigkeiten ausgeschlossen:

21 km/h, 27 km/h, 33 km/h, 40 km/h, 47 km/h und 53 km/h.

Folglich stehen bei den Unfallszenarien mit geradem Pfahlaufprall 108 Unfallszenarien zum Training zur Verfügung, die sich aus der Multiplikation von acht Geschwindigkeiten und 13 Pfahlpositionen ergeben. Bei den schrägen Pfahlaufprällen ergibt sich die Trainingsanzahl zu 2052 Unfallszenarien, wobei sich lediglich in 1899 Unfallszenarien ein Pfahlaufprall ereignet.

Training mit reduzierter Anzahl an Pfahlpositionen

Beim Training der KNN mit einer reduzierten Anzahl an Pfahlpositionen werden die folgenden vier Pfahlpositionen ausgeschlossen:

Pfahlposition 11 bis 13 bei ± 100 mm und ± 300 mm.

Folglich stehen bei den Unfallszenarien mit geradem Pfahlaufprall 126 Unfallszenarien zum Training zur Verfügung, die sich aus der Multiplikation von 14 Geschwindigkeiten und neun Pfahlpositionen ergeben. Bei den schrägen Pfahlaufprällen werden, aufgrund der verhältnismäßig schlechten Ergebnisse für die geraden Pfahlaufprälle, keine Untersuchungen mit einer reduzierten Anzahl an Pfahlpositionen durchgeführt.

Training mit reduzierter Anzahl an Geschwindigkeiten und Pfahlpositionen

Beim Training der KNN mit einer reduzierten Anzahl an Geschwindigkeiten und Pfahlpositionen werden die folgenden fünf Geschwindigkeiten ausgeschlossen:

21 km/h, 27 km/h, 33 km/h, 47 km/h und 53 km/h.

Zudem werden die vier folgenden Pfahlpositionen während des Trainings nicht berücksichtigt:

Pfahlposition 11 bis 13 bei ± 100 mm und ± 300 mm.

Folglich stehen bei den Unfallszenarien mit geradem Pfahlaufprall 81 Unfallszenarien zum Training zur Verfügung. Auch mit dieser Aufteilung der Unfallszenarien werden keine Untersuchungen für schräge Pfahlaufprälle durchgeführt.

A.3 Darstellung aller Ergebnisse bei Unfallszenarien mit schrägem Pfahlaufprall

Alle Ausgabeergebnisse des KNN aus Bild 5.11, das zur Abschätzung der Aufprallgeschwindigkeit in Fahrzeuglängsrichtung beim schrägen Pfahlaufprall dient und alle Geschwindigkeiten und Pfahlpositionen während des Trainings berücksichtigt:

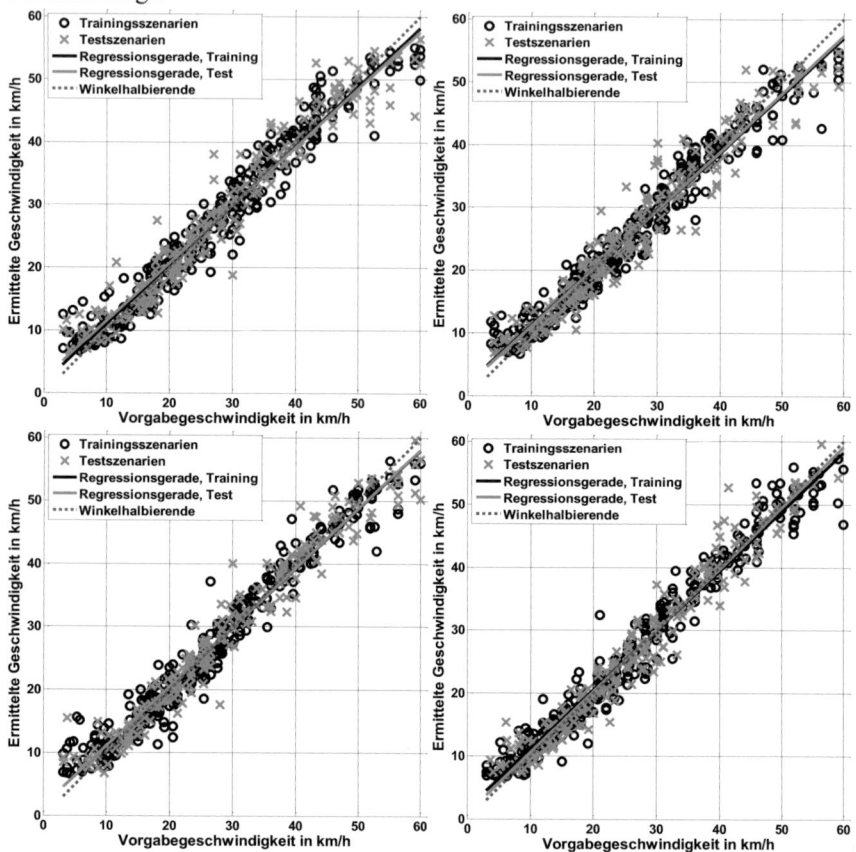

Bild A.1:   Alle Ausgabeergebnisse des KNN aus Bild 5.11

A.3 Darstellung aller Ergebnisse bei Unfallszenarien mit schrägem Pfahlaufprall

Alle Ausgabeergebnisse des KNN aus Bild 5.12, das zur Abschätzung der Aufprallgeschwindigkeit in Fahrzeuglängsrichtung beim schrägen Pfahlaufprall dient und 6 Geschwindigkeiten während des Trainings vernachlässigt:

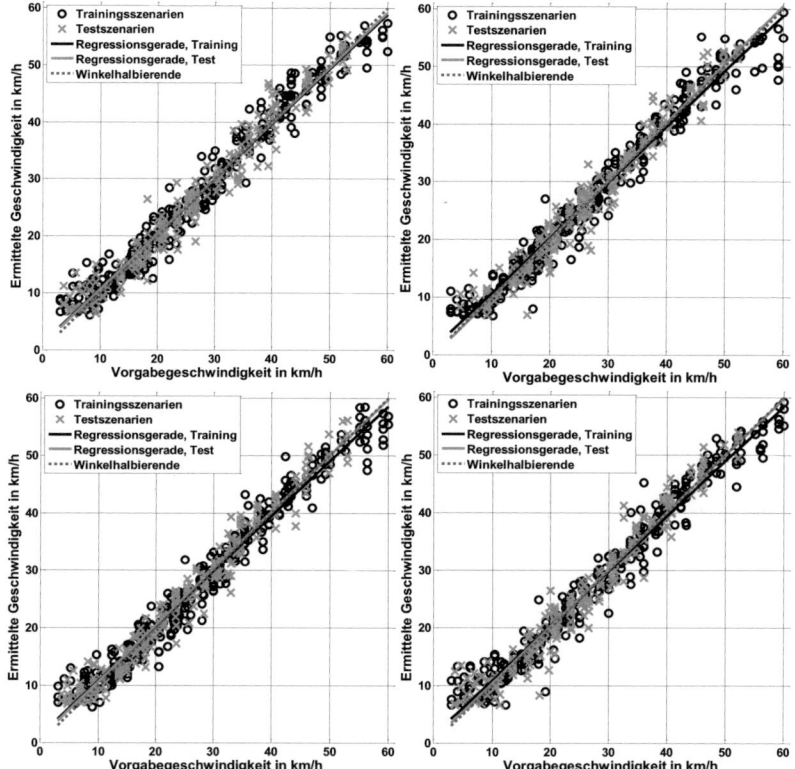

Bild A.2: Alle Ausgabeergebnisse des KNN aus Bild 5.12

Alle Ausgabeergebnisse des KNN aus Bild 5.13, das zur Abschätzung der Aufprallgeschwindigkeit in Fahrzeugquerrichtung beim schrägen Pfahlaufprall dient und alle Geschwindigkeiten und Pfahlpositionen während des Trainings berücksichtigt:

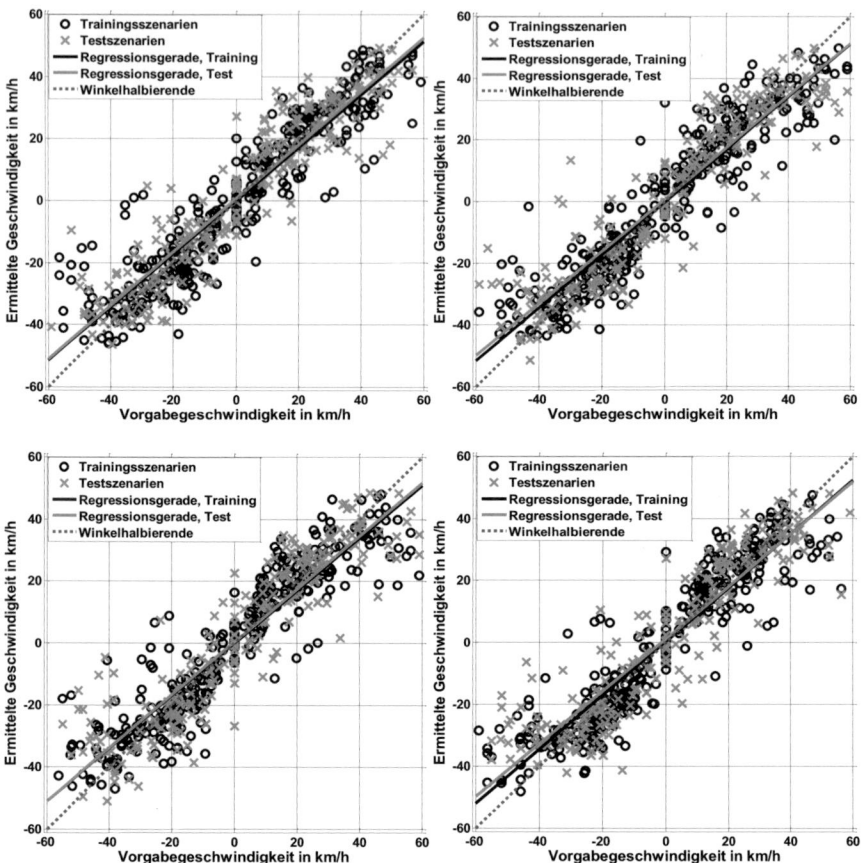

Bild A.3: Alle Ausgabeergebnisse des KNN aus Bild 5.13

Alle Ausgabeergebnisse des KNN aus Bild 5.14, das zur Abschätzung der Aufprallgeschwindigkeit in Fahrzeugquerrichtung beim schrägen Pfahlaufprall dient und 6 Geschwindigkeiten während des Trainings vernachlässigt:

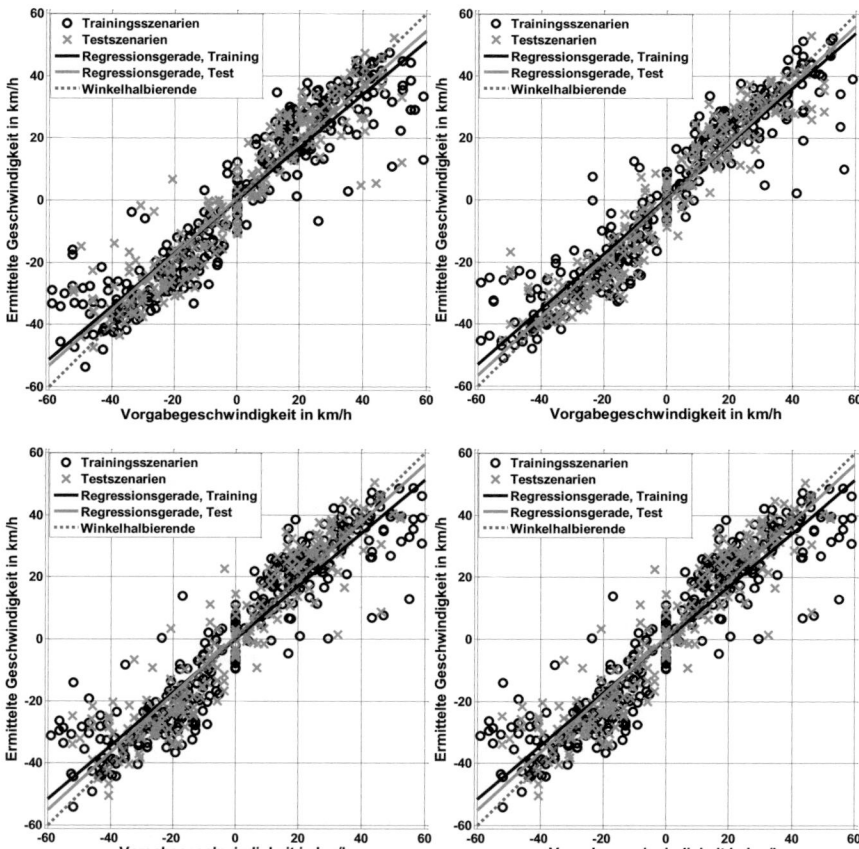

Bild A.4:   Alle Ausgabeergebnisse des KNN aus Bild 5.14

Alle Ausgabeergebnisse des KNN aus Bild 5.15, das zur Abschätzung der Pfahlposition beim schrägen Pfahlaufprall dient und alle Geschwindigkeiten und Pfahlpositionen während des Trainings berücksichtigt:

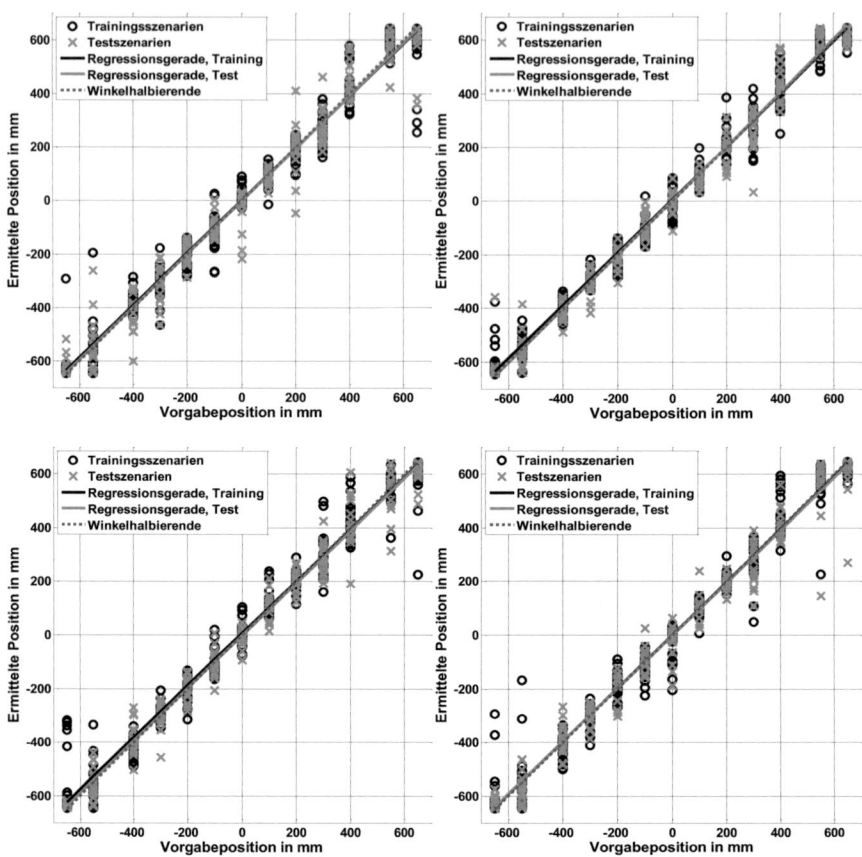

Bild A.5: Alle Ausgabeergebnisse des KNN aus Bild 5.15

A.3 Darstellung aller Ergebnisse bei Unfallszenarien mit schrägem Pfahlaufprall

Alle Ausgabeergebnisse des KNN aus Bild 5.16, das zur Abschätzung der Pfahlposition beim schrägen Pfahlaufprall dient und 6 Geschwindigkeiten während des Trainings vernachlässigt

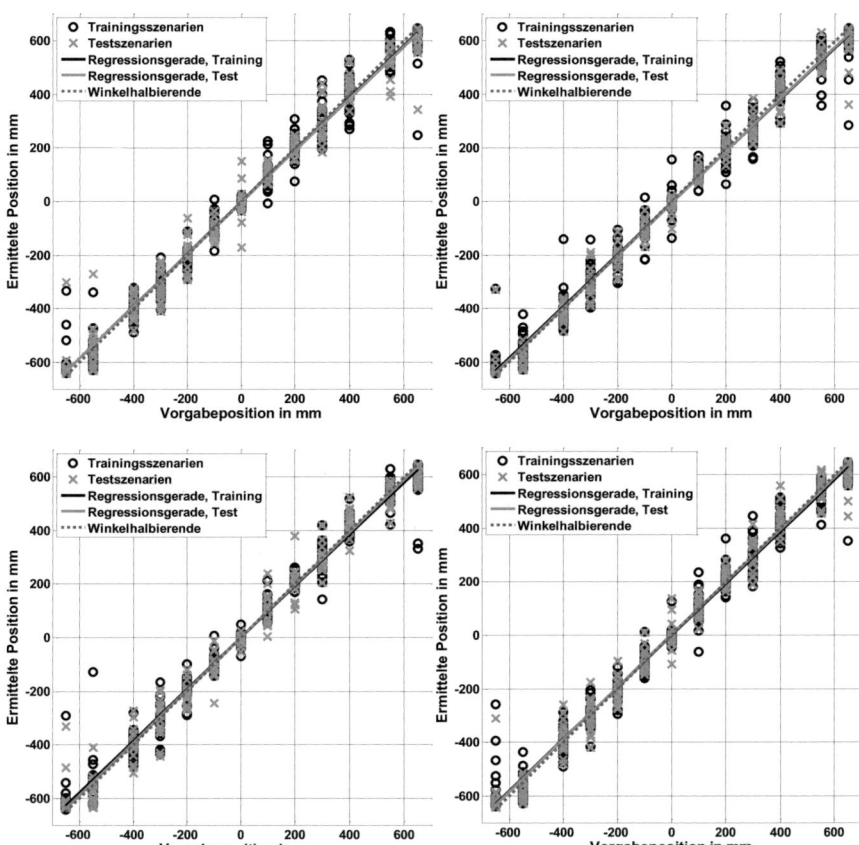

Bild A.6: Alle Ausgabeergebnisse des KNN aus Bild 5.16

Literaturverzeichnis

[1] ABBATE, A.; DE CUSATIS, C. M.; DAS, P. K.: *Wavelets and Subbands - Fundamentals and Applications*. Boston: Birkenhäuser, 2002.

[2] ADUMA, S.; OOTA, K.; NAGUMO, H.; OKABE, T.: Development of New Airbag System for Rear-Seat Occupants, in: *21st International Technical Conference on the Enhanced Safety of Vehicles (ESV), Paper No. 09-0288*, Stuttgart, 2009.

[3] AHREND, TH. M.: *Grenzen und Möglichkeiten Neuronaler Netze zur Qualitätssicherung beim Widerstandspunktschweißen unter fertigungsgerechten Bedingungen*. Aachen: Shaker Verlag, 2005.

[4] ARGYRIS, J.: *Energy Theorems and Structural Analysis, 1954/1955 in Aircraft Engineering*. London: Butterworth Scientific Publications, 1960.

[5] BÄNI, W.: *Wavelets - Eine Einführung für Ingenieure*. München: Oldenburg-Verlag, 2002.

[6] BARÉNYI, B., "Kraftfahrzeug, insbesondere zur Beförderung von Personen," Kraftfahrzeug, Patentnummer 854157, 28. August 1952.

[7] BATHE, K.-J.: *Finite-Elemente-Methoden*, 2. Auflage. Berlin: Springer-Verlag, 2002.

[8] BERG, A.; AHLGRIMM, J.: Baumunfälle - nach wie vor Handlungs- und Forschungsbedarf, in: *VKU Verkehrsunfall und Fahrzeugtechnik, Band 48, Ausgabe 4, S, 118 - 126*, 2010.

[9] BERGH, J.; EKSTEDT, F.; LINDBERG, M.: *Wavelets mit Anwendungen in Signal- und Bildverarbeitung*. Berlin: Springer-Verlag, 2007.

[10] BETTEN, J.: *Finite Elemente für Ingenieure 1 - Grundlagen, Matrixmethoden, Elastisches Kontinuum*, 2. Auflage. Berlin: Springer-Verlag, 2003.

[11] BETTEN, J.: *Finite Elemente für Ingenieure 2 - Variationsrechnung, Energiemethoden, Näherungsverfahren, Nichtlinearitäten, Numerische Intergration*, 2. Auflage. Berlin: Springer-Verlag, 2004.

[12] BLATTER, CH.: *Wavelets - Eine Einführung*, 2. Auflage. Braunschweig: Vieweg Verlag, 2003.

[13] BRAUN, H.: *Neuronale Netze - Optimierung durch Lernen und Evolution.* Berlin: Springer-Verlag, 1997.

[14] BRAUSE, R.: *Neuronale Netze - Eine Einführung in die Neuroinformatik.* Stuttgart: Teubner Verlag, 1995.

[15] BRAVER, E. R. ET AL.: *How Often Do Front Airbags Fail to Deploy in Fatal Frontal Crashes*, Insurance Institute for Highway Safety, USA, 2009.

[16] BREITLING, TH. ET AL.: Sicheres Fahren, in: *Automobiltechnische Zeitschrift: extra, S. 72 - 78*, Januar 2009.

[17] BRUMBELOW, M. L.; ZUBY, D. S.: Impact and Injury Patterns in Frontal Crashes of Vehicles With Good Ratings fpr Frontal Crash Protection, in: *21st International Technical Conference on the Enhanced Safety of Vehicles (ESV), Paper No. 09-0257*, Stuttgart, 2009.

[18] BURG, H.: *Handbuch Verkehrsunfallrekonstruktion - Unfallaufnahme, Fahrdynamik, Simulation*, 2. Auflage, A. Moser, Hrsg. Wiesbaden: Vieweg+Teubner Verlag, 2009.

[19] CHAN, CH.-Y.: A Treatise on Crash Sensing for Automotive Airbag Systems, in: *IEEE/ASME Transactions on Mechatronics, Vol. 7, S. 220 - 234*, 2002.

[20] CHAN, CH.-Y.: *Fundamentals of Crash Sensing in Automotive Air Bag Systems*. Warrendale: Society of Automotive Engineers, Inc., 2000.

[21] CLOUGH, R. W.: The Finite Element Method in Plane Stress Analysis, in: *Proceedings of 2nd ASCE Conference on Eletronic Computation*, Pittsburg, 1960.

[22] CLOUGH, R: W.; WILSON, E. L.: Early Finite Element Research at Berkeley, in: *5th US National Conference Computational Mechanics, Proceedings*, Boulder, 1999.

[23] COURANT, R.: Variational Methods for the Solution of Problems in Equilibrium and Vibrations, in: *Bulletin of the American Mathematical Society, Vol. 49, S. 1 - 23*, 1943.

[24] COURANT, R.; FRIEDRICHS, K.; LEWY, H.: Über die partiellen Differenzengleichungen der mathematischen Physik, in: *Mathematische Annalen, Band. 100, Ausgabe 1, S. 32-74*, Dezember 1928.

[25] DAIMLER AG.: *Milestones in Vehicle Safety - The Vision of Accident-free Driving*, Daimler AG, Communications, Stuttgart, 2010.

[26] DAUBECHIES, I.; GROSSMANN, A.; MEYER, Y.: Painless nonorthogonal expansions, in: *Journal of Mathematical Physics, Vol. 25, Issue 5, S. 1271 - 1283*, 1986.

[27] EICHBERGER, A.; WALLNER, D.; HIRSCHBERG, W.; CRESNIK, R.: A Situation Based Method to Adapt the Vehicle Restraint System in Frontal Crashes to the Accident Scenario, in: *21st International Technical Conference on the Enhanced Safety of Vehicles (ESV), , Paper No. 09-0091*, Stuttgart, 2009.

[28] FANGHÄNEL, K.: *HF-Signalklassifikation mit Selbst-Organisierenden Karten*. Berlin: dissertation.de, 2001.

[29] FISCHER, N.; MEYWERK, M.; KARRER, H.; REINALTER, W.; WIMMER, P.: Komfortbeurteilung von Pkw bei Einzelhindernisüberfahrten durch Wavelettransformierte, in: *Humanschwingungen, S. 261 - 272*. Düsseldorf: VDI Verlag, 2010.

[30] FRICKENSTEIN, E.: The Next Milestones of Vehicle Safety, in: *Airbag 2008 - 9th Symposium and Exhibition on Sophisticated Car Occupant Safety Systems*, Karlsruhe, 2008.

[31] FRISCH, N.: *Verfahren zur Unterstützung der Arbeitsabläufe bei der Crash-Simulation im Fahrzeugbau*. Stuttgart: Universität Stuttgart, 2004.

[32] FUHR, B.; MEYWERK, M.; FORTMÜLLER, TH.; BAß, ST.: Real-Time and MBS/FEM Model for Simulating a Tracked Vehicle on Deformable Soils, in: *Multi-Disciplinary Simulations - The Future of Virtual Product Development*, Wiesbaden, 2009.

[33] FUHR, B.; MEYWERK, M.; FORTMÜLLER, TH.; BAß, ST.: Simulating the Wiesel - Real-Time and MBS/FEM Model for Simulating a Tracked Vehicle on Deformable Soils, in: *benchmark - the international magazine for engineering designers & analysts, S. 28 - 33*, April 2010.

[34] FUHR, B.; MEYWERK, M.; RÜHMER, S.: Categorisation of Accident Scenarios by Using Wavelet Transformed Signals of FE-Crash Simulations and Artificial Neural Networks, in: *NAFEMS World Congress 2011*, Boston, 2011.

[35] FUHR, B.; MEYWERK, M.; RÜHMER, S.: Klassifizierung von Unfallszenarien mittels Wavelettransformierten und künstlichen neuronalen Netzen, in: *Innovative Automobiltechnik II, S. 50 - 69*, Helmut Tschöke; Jürgen Krahl; Axel Munack, Hrsg. Renningen: expert verlag, 2011.

[36] FUHR, B.; MEYWERK, M.; RÜHMER, S.: Vorhersage von Aufprallgeschwindigkeit und Hindernisposition beim Fahrzeugcrash mit Hilfe von Wavelettransformierten und künstlichen neuronalen Netzen, S. 133 - 146, in: *15. Kongress Berechnung und Simulation im Fahrzeugbau 2010*, Baden-Baden, 2010.

[37] GIOUTSOS, T.: Important Issues in Crash Severity Sensing, in: *SAE 2002 World Congress*, Detroit, März 2002.

[38] GOUPILLAUD, E.; GROSSMANN, A.; MORLET, J.: Cycle-Octave and Related Transforms in Seismic Signal Analysis, Vol. 23, S. 85 - 102, in: *Geoexploration*, 1984.

[39] GRIOTTO, G.; LEMMEN, P.; VAN DER EIJNDEN, E.; VAN LEIJSEN, A.: Real Time Control of Restraint Systems in Frontal Crashes, S. 79 - 90, in: *SAE World Congress & Exhibition*, Detroit, 2007.

[40] GSTREIN, G.; SINZ, W.; EBERLE, W.; RICHERT, J.; BULLINGER, W.: Improvement of Airbag Performance Through Pre-Triggering, in: *21st International Technical Conference on the Enhanced Safety of Vehicles (ESV), Paper No. 09-0229*, Stuttgart, 2009.

[41] HAUG, E.; SCHARNHORST, T.; DUBOIS, P.: FEM-Crash, Berechnung eines Fahrzeugaufpralls, in: *VDI Berichte 613, Berechnung im Automobilbau, S. 479 - 505*. Würzburg: VDI Verlag, 1986.

[42] HE, Y.: *Analyse des Körperschallübertragungs- und Abstrahlverhaltens umgeformter Blechbauteile*. Renningen: Expert Verlag, 2008.

[43] HEBB, D. O.: *The Organization of Behavior: A Neuropsychological Theory*. New York: John Wiley & Sons, 1949.

[44] HENLE, L.; REGENSBURGER, U.; DANNER, B.; HENTSCHEL, E.; HÄMMERLING, C.: Fahrerassistentsysteme, in: *Automobiltechnische Zeitschrift, extra: Die neue E-Klasse von Mercedes Benz, S. 56 - 62*, Januar 2009.

[45] HOPFIELD, J. J.: Neural Computation of Decisions in Optimization Problems, in: *Biological Cybernetics, Vol. 52, S. 141 - 152*, 1985.

[46] HOPFIELD, J. J.: Neural Networks and Physical Systems with Emergent Collective Computational Abilities, in: *Proceedings National Academy of Sciences, Vol. 79, S. 2554 - 2558*, 1982.

[47] HUANG, M.: *Vehicle Crash Mechanics*. Boca Raton: CRC Press LLC, 2000.

[48] JANSEN, M.; OONINCX, P.: *Second Generation Wavelets and Applications*. London: Springer-Verlag, 2005.

[49] JOOST, M.: *Optimiertes Training mehrschichtiger feddforward Netzwerke*. Münster: Verlagshaus Monsenstein und Vannerdat, 2003.

[50] KAISER, G.: *A Friendly Guide to Wavelets*. Boston: Birkenhäuser, 1994.

[51] KLEIN, B.: *FEM - Grundlagen und Anwendungen der Finite-Elemente-Methode im Maschinen und Fahrzeugbau*, 8. Auflage. Wiesbaden, Vieweg + Teubner Verlag, 2010.

[52] KNOLL, P. M.; WINNER, H.: Surround Sensing - Collision Warning Systems - Vehicle Guidance, in: *ATA EL 2001 Conference*, Lago Maggiore, 2001.

[53] KOHLER, J. ET AL.: Passive Sicherheit - Ein umfassendes Konzept für Insassen- und Partnerschutz, in: *Automobiltechnische Zeitung, extra: Die neue E-Klasse von Mercedes-Benz, S. 84 - 91*, Januar 2009.

[54] KOHONEN, T.: Correlation Matrix Memories, in: *IEEE Transactions on Computers, Vol. C-21, Iss. 4, S. 353 - 359*, 1972.

[55] KOHONEN, T.: Self-Organized Formation of Topologically Correct Feature Maps, in: *Biological Cybernetcs, Vol. 43, S. 59 - 69*, 1982.

[56] KOHONEN, T.: *Self-Organizing Maps*, 3. Auflage. Berlin: Springer-Verlag, 2001.

[57] KOMMISSION DER EUROPÄISCHEN GEMEINSCHAFT.: *Mitteilung der Kommission an den Rat und an das europäische Parlament, Für ein mobiles Europa - Nachhaltige Mobilität für unseren Kontinent: Halbzeitbilanz zum Verkehrsweißbuch der Europäischen Kommission von 2001*. Brüssel, 2006.

[58] KOMMISSION DER EUROPÄISCHEN GEMEINSCHAFT.: *Weißbuch - Die europäische Verkehrspolitik bis 2010: Weichenstellung für die Zukunft*. Brüssel, 2001.

[59] KÖNNING, M.; HEGER, TH.: Usage of Surround Sensor Information for Passive Safety - Challenges and Chances, in: *21st International Technical Conference on the Enhanced Safety of Vehicles (ESV), Paper No. 09-0319*, Stuttgart, 2009.

[60] KOPISCHKE, ST.; SEIFERT, K., HOPPE, M.: Möglichkeiten und Grenzen von Kollisionswarnsystemen, in: *24. VDI/VW-Gemeinschaftstagung, Integrierte Sicherheit und Fahrerassistenzsysteme, S. 105 - 121*, Wolfsburg, 2008.

[61] KRAMER, F.: *Passive Sicherheit von Kraftfahrzeugen - Biomechanik, Simulation und Sicherheit im Entwicklungsprozess*, 3. Auflage. Wiesbaden: Vieweg Verlag, 2009.

[62] KRATZER, K. P.: *Neuronale Netze - Grundlagen und Anwendungen*. München: Carl Hanser Verlag, 1990.

[63] LAUERER, CH.: *Ein Beitrag zur Erhöhung des Insassenschutzes durch Körperschallmessung in der Crasherkennung.*, 2010.

[64] LOUIS, A. K.; MAAß, P.; RIEDER, A.: *Wavelets - Theorie und Anwendungen*. Stuttgart: Teubner Verlag, 1994.

[65] LUEGMAIR, M.; OESTREICHER, L.: *Körperschallausbreitung als wichtiger Einfluss auf die Crasherkennung*, Automobiltechnische Zeitschrift, S. 160 - 165, 2008.

[66] MADDOX, J.: *United States Government Status Report*, National Highway Traffic Safety Administration, Washington, D.C., 2009.

[67] MCCULLOCH, W. S.; PITTS, W.: A logical calculus of the ideas immanent in nervous activity, in: *Bulletin of Mathematical Biophysics, Vol. 5, S. 115 - 133*, 1943.

[68] MEYWERK, M.: *CAE-Methoden in der Fahrzeugtechnik*. Berlin: Springer-Verlag, 2007.

[69] MEYWERK, M.; FISCHER, N.: Vorhersage von Komfortnoten für PKW bei Einzelhindernisüberfahrten durch Wavelet-Transformierte und neuronale Netze, in: *Berechnung und Simualtion im Fahrzeugbau, S. 653 - 664*. Düsseldorf: VDI Verlag, 2010.

[70] MEYWERK, M.; FORTMÜLLER, TH.; FUHR, B.; BAß, ST.: Real Time Model for Simulating a Tracked Vehicle on Deformable Soils, in: *11th European Regional Conference of the International Society for Terrain-Vehicle Systems (ISTVS)*, Bremen, 2009.

[71] MINSKY, M.; PAPERT, S.: *Perceptrons: An Introduction to Computational Geometry*. Cambridge: MIT Press, 1969.

[72] MOORE, G. E.: *Cramming more components onto integrated circuits*, Electronics, vol. 38, April 1965.

[73] MOSS, S.; BECKAGE, M.: *Vehicle Crash Test Data Acquisition - A Review of Requirements, Technologies and Standards*, SAE International, Technical Paper 2009.

[74] MÜLLER, G.: *Die Finite Elemente Methode - Vierzig Jahre in der Produktentwicklung*, in: Konstruktion, Ausg. 10, S. 24 - 26, 2009.

[75] NAUCK, D.; KLAWONN, F.; KRUSE, R.: *Neuronale Netze und Fuzzy-Systeme - Grundlagen des Konnektionismus, Neuronaler Fuzzy-Systeme und der Kopplung mit wissensbasierten Methoden*. Braunschweig: Vieweg Verlag, 1994.

[76] NGUYEN, H. Q.: *Abschätzung von Bodenparametern in Fahrzeugen bei der Fahrt auf nachgiebigen Böden*. Hamburg, 2011.

[77] NGUYEN, H. Q.; MEYWERK, M.; FUHR, B.; TOMASKE, W.: Estimation of Ground Parameters for Online Optimization of Torque Vectoring, in: *11th European Regional Conference of the International Society for Terrain-Vehicle Systems (ISTVS)*, Bremen, 2009.

[78] NGUYEN, H. Q.; MEYWERK, M.; FUHR, B.; TOMASKE, W.: Real Time Classification of Soil Parameters Using Neural Networks, in: *15th Asia Pacific Automotive Engineering Conference*, Hanoi, Vietnam, 2009.

[79] NIEMANN, H.: *Bela Barényi - Nestor der passiven Sicherheit*, Dieter Zetsche, Hrsg. Stuttgart: Mercedes-Benz AG, 1994.

[80] OMAR, T.; ESKANDARIAN, A.; BEDEWI, N.: Vehicle Crash Modelling Using Recurrent Neural Networks, in: *Mathematical and Computer Modelling, Vol. 28, Iss. 9; S. 31 - 42*, November 1998.

[81] PANKALLA, H. ET AL.: Fahrerassitenz und integrale Sicherheit, in: *Automobiltechnische Zeitschrift, extra: Der neue Audi A6, S. 204 - 207*, Januar 2011.

[82] PRACNÝ, V.: *Neural network based shock absorber model with a thermodynmical coupling - Experiment, modeling and vehicle simulation*. Aachen: Shaker Verlag, 2009.

[83] PRAGER, W.; SYNGE, J.L.: Approximations in elasticity based on the concept of function space, in: *Quarterly of Applied Mathematics, Vol. 5, S. 283 - 298*, 1947.

[84] RAUSCHER, ST; MESSNER, G.; BAUR, P.: Enhanced Automatic Collision Notification System - Improved Rescue Care Due to Injury Prediction - First Field Experience, in: *21st International Technical Conference on the Enhanced Safety of Vehicles (ESV), Paper No. 09-0049*, Stuttgart, 2009.

[85] REICHELT, P.: Status Report, Federal Republic of Germany, in: *21st International Technical Conference on the Enhanced Safety of Vehicles (ESV)*, Stuttgart, 2009.

[86] RIEDMILLER, M.; BRAUN, H.: *RPROP - A Fast Adaptive Learning Algorithm*, Univerity of Karlsruhe, Technical report 1992.

[87] RIEG, F.; HACKENSCHMIDT, R.: *Finite Elemente Analyse für Ingenieure - Eine leicht verständliche Einführung*, 2. Auflage. München: Carl Hanser Verlag, 2003.

[88] RIGOLL, G.: *Neuronale Netze - Eine Einführung für Ingenieure, Informatiker und Naturwissenschaftler*. Renningen-Malmsheim: Expert Verlag, 1994.

[89] RITTER, H.; MARTINETZ, TH.; SCHULTEN, K.: *Neuronale Netze - Eine Einführung in die Neuroinformatik selbstorganisierender Netzwerke*. Bonn: Addison-Wesley, 1992.

[90] ROSENBLATT, F.: The perceptron - a probablistic model for information storage and organization in the brain, in: *Psychological Review, Vol. 65, S. 386 - 408*, 1958.

[91] RUMELHART, D.E.; HINTON, G.E.; WILLIAMS, R.J.: Learning Internal Representations by Error Propagation, in: *Parallel Distributed Processing- Explorations in the Microstructure of Cognition, Vol. 1, S. 318 - 362*. Cambridge: MIT Press, 1986.

[92] RUMELHART, D.E.; MCCLELLAND, J.L.: *Parallel Distributed Processing- Explorations in the Microstructure of Cognition, Vol. 1+2*. Cambridge: MIT Press, 1986.

[93] SCHITTENHELM, H.: The Vision of Accident Free Driving - How Effective Are We Actually in Avoiding or Mitigating Longitudinal Real World Accidents, in: *21st International Technical Conference on the Enhanced Safety of Vehicles (ESV), Paper No. 09-510*, Stuttgart, 2009.

[94] SCHÖNEBURG, R.: Die "Neue Passive Sicherheit" am Beispiel der E-Klasse - Steigerung der Insassensicherheit durch Nutzung der Vorunfallphase, in: *Verband der Automobilindustrie -11. Technischer Kongress 2009, S. 33 - 42*, Wolfsburg, 2009.

[95] SCHÖNEBURG, R.; BAUMANN, K.-H.: Auf dem Weg zur virtuellen Knautschzone - Möglichkeiten des präventiven Energieabbaus und Auswirkungen auf Fahrzeug und Insassen in der Vorunfallphase, in: *11. Braunschweiger Symposium - Automatisierungs-, Assistenzsysteme und eingebettete Systeme für Transportmittel (AAET), S. 11 - 23*, Braunschweig, 2010.

[96] SCHUMANN, M.: *Wavelets - Eine Einführung*. Osnabrück: Der Andere Verlag, 2004.

[97] SCULLION, P.; MORGAN, R.M.; DIGGES, K.; KAN, C.-D. (S.).: Frontal Crash Protection in Pre-1998 Vehicles versus 1998 and Later Vehicles, in: *SAE 2010 World Congress & Exhibition, S. 105 - 119*, Detroit, 2010.

[98] SEIFFERT, U.; WECH, L.: *Automotive Safety Handbook*. Warrendale: Society of Automotive Engineering International, 2003.

[99] SOCIETY OF AUTOMOTIVE ENGINEERS.: *Instrumentation for Impact Test - Part 1 - Electronic Instrumentation*, Society of Automotive Engineers Inc., Warrendale, SAE Handbook, Volume 3 2003.

[100] SOHR, ST.; HEYM, A.: Benefit of Adaptive Occupant Restraint Systems With Focus on the New US-NCAP Rating Requirements, in: *21st International Technical Conference on the Enhanced Safety of Vehicles (ESV), Paper No. 09-0322*, Stuttgart, 2009.

[101] SPANNAUS, P.: *Körperschallentstehung im Fahrzeugcrash: Ein Beitrag zur Verbesserung der Unfallerkennung*. Halle an der Saale: Promotionsschrift, 2009.

[102] SPETHMANN, P.; HERSTATT, C.; THOMKE, ST.: *Crash simulation evolution and its impact on R&D in the automotive applications*, International Journal of Product Development, Vol. 8, Iss. 3, S. 291 - 305, Hamburg: International Journal of Product Development: IJPD, 2009.

[103] STATISTISCHES BUNDESAMT.: *Verkehr: Verkehrsunfälle 2010, Fachserie 8, Reihe 7*. Wiesbaden, 2011.

[104] STEINER, M. ET AL.: Fahrdynamikregelsystem und Assistenzsysteme, in: *Automobiltechnische Zeitschrift, extra: Die neue S-Klasse von Mercedes-Benz, S. 88 - 99*, Oktober 2005.

[105] STEINKE, P.: *Finite-Elemente-Methode - Rechnergestütze Einführung*, 3. Auflage. Berlin: Springer-Verlag, 2010.

[106] TOUSEN ABDELWAHED, S.: *Gesamtheitliche Auslegung von Insassenschutzsystemen durch Kopplung von virtueller Sensorik und Insassensimulation. Fortschritt-Berichte VDI, Reihe 12, Nr. 740*. Düsseldorf: VDI-Verlag, 2011.

[107] VAN RATINGEN, M.: The Changing Outlook of Euro NCAP, in: *Airbag 2008 - 9th International Symposium & Exhibition on Sophisticated Car Occupant Safety Systems*, Karlsruhe, 2008.

[108] WALTER, K.: *Verkehr in Deutschland 2006*, Statistisches Bundesamt, Hrsg. Wiesbaden, 2006.

[109] WERBOS, P.J.: *Beyond Regression: New Tools for Prediction and Analysis in the Behavioral Science*. Cambridge: Harvard University, 1974.

[110] WIDROW, B.; HOFF, M.E.: Adaptive Switching Circuits, in: *IRE WESCON Convention Record, Vol. 4, S. 96-104*, August 1960.

[111] WINNER, H.; HAKULI, ST.: *Handbuch Fahrerassistenzsysteme - Grundlagen, Komponenten und Systeme für aktive Sicherheit und Komfort*, G. Wolf, Hrsg. Wiesbaden: Vieweg+Teubner Verlag, 2009.

[112] WRIGGERS, P.: *Nichtlineare Finite-Elemente-Methoden*. Berlin: Springer-Verlag, 2001.

[113] ZANDER, A.G.: *Alternative Sensierungskonzepte zur Seitencrash-Erkennung. Fortschritt-Berichte VDI, Reihe 12, Nr. 560*. Düsseldorf: VDI Verlag, 2003.

[114] ZELL, A.: *Simulation neuronaler Netze*, 4. Auflage. München: Oldenbourg Verlag, 2003.

[115] ZLOCKI, A.; SCHRÖDER, U.; BENMIMOUN, M.: Assesment of Distance Sensors - Past - Present - Future -, in: *6th International Workshop on Intelligent Transportation (WIT 2009), S. 1 - 6*, Hamburg, 2009.

[116] ZÖLLER-GREER, P.: *Künstliche Intelligenz - Grundlagen und Anwendungen*. Wächtersbach: Composia-Verlag, 2007.

Lebenslauf

Persönliche Daten

Name: Bastian Fuhr
Geboren: 03.02.1982 in Strausberg
Familienstand: verheiratet

Schulbildung und Studium

08.1988 – 02.1990	Ernst-Thälmann-Grundschule, Strausberg
02.1990 – 07.1992	Grundschule Beltgens Garten, Hamburg
08.1990 – 07.2001	Gymnasium Hamm, Hamburg
09.2002 – 04.2006	Helmut-Schmidt-Universität – Universität der Bundeswehr, Hamburg Fachbereich: Maschinenbau Vertiefung: Fahrzeug- und Antriebssystemtechnik Abschluss: Dipl.-Ing.

Militärischer Werdegang

07.2001 – 07.2002	Ausbildung zum Offizier, Bayreuth und Fürstenfeldbruck
04.2006 – 04.2007	Ausbildung zum Bodengerätetechnischen und Luftfahrzeugtechnischen Offizier, Husum und Jagel
05.2007 – 09.2008	Leiter der Kooperation Schleudersitz (Autoflug GmbH), Rellingen
10.2008 – 09.2011	Wissenschaftlicher Mitarbeiter Offizier am Institut für Fahrzeugtechnik und Antriebssystemtechnik der Helmut-Schmidt-Universität – Universität der Bundeswehr, Hamburg
seit 10.2011	Chef der 5. Kompanie des Logistikbataillon 161, Delmenhorst

Der disserta Verlag bietet die kostenlose Publikation
Ihrer Dissertation als hochwertige
Hardcover- oder Paperback-Ausgabe.

Fachautoren bietet der disserta Verlag
die kostenlose Veröffentlichung professioneller Fachbücher.

Der disserta Verlag ist Partner für die Veröffentlichung
von Schriftenreihen aus Hochschule und Wissenschaft.

Weitere Informationen auf www.disserta-verlag.de

disserta
Verlag